新时代林科教育发展研究

田阳　编著

中国林业出版社

图书在版编目（CIP）数据

新时代林科教育发展研究／田阳编著. —北京：
中国林业出版社，2019. 10
ISBN 978-7-5219-0323-2

Ⅰ.①新…　Ⅱ.①田…　Ⅲ.①林业–高等教育–教学
研究–中国 Ⅳ. ①S7–4

中国版本图书馆 CIP 数据核字（2019）第 238665 号

中国林业出版社·教育分社
策划编辑：段植林　高红岩　　责任编辑：范立鹏　高红岩
电　　话：（010）83143626　　传　　真：（010）83143516

出版发行　中国林业出版社（100009　北京市西城区德内大街刘海胡同 7 号）
　　　　　E-mail：jiaocaipublic@ 163. com　电话：（010）83143500
　　　　　http：// lycb. forestry. gov. cn/lycb. html
经　　销　新华书店
印　　刷　北京中科印刷有限公司
版　　次　2019 年 10 月第 1 版
印　　次　2019 年 10 月第 1 次印刷
开　　本　710mm×1000mm　1/16
印　　张　8. 25
字　　数　160 千字
定　　价　45. 00 元

前言

FOREWORD

今年是中华人民共和国成立70周年。伴随着新中国70年的成长，我国林科高等教育改革发展走过了一条不平凡的道路。面对中国特色社会主义建设的新时代，林科高等教育改革发展正进入内涵提升、特色发展、交叉融合的新阶段，有必要从历史与未来、宏观与微观、理论与实践、需求与供给等不同层面进行总结分析和深入研究，提出针对性的对策建议。

中国林业教育学会是林科教育领域唯一的全国性学术社团，曾获得民政部颁发的全国先进社会组织称号。一直以来，学会坚持发挥学术组织的桥梁纽带作用，广泛凝聚教育研究力量，组织开展了诸多事关林业教育改革发展的理论性、实证性研究。自1996年学会成立以来，刘于鹤(第一届、第二届理事长)、杨继平(第三届、第四届理事长)、彭有冬(第五届理事长)三任理事长亲自牵头，多位副理事长参与，历届学会秘书长具体组织，坚持理论联系实际，结合不同阶段林业教育的关键任务，设立专项课题，就高等教育管理体制改革后的林科教育改革发展、林业人才队伍的专业化发展、林科大学生到基层就业创业的现状分析、建设新林科支撑现代林业发展等重大理论实践问题进行深入的研究，取得了一批有显示度的研究成果，为国家林业管理部门指导林业高等教育发展提供了具体政策建议，部分研究成果得到了国务院领导的批示，产生了良好的影响。

中国林业教育学会秘书处作为学会的办事机构，始终认真落实学会理事会的重大部署，组织和参与各类相关课题的研究工作，做出了应有的贡献。特别是2013年学会秘书处力量充实以来，在学会理事会的直接指导下，主动对接林业教育发展的新要求，把握林业教育发展的新机遇，主持立项完成林业软科学课题、中国高等教育学会专项课题等多项课题的研究工作，参与完成中国工程院咨询课题、全国林业"十三五"教育培训规划、人才队伍规划制定、林业特色学科动态管理等宏观层面的研究咨询工作，还结合全国林业院校校长论坛就推动林科院校深化产教融合、凝聚新时代新林科建设共识开展了有针对性的前瞻研究。这些研究工作的开展，不仅有效拓展了学会在林业教育研究、学术交流等方面的组织引领作用，促进了林业院校教育研究力量的凝聚，也从多个方面推动了行业主管部门强化林业高等教育指导的多项政策出台，部分研究成果被《全国林业"十三五"教育培训规划》采用，促进了林科高等教育与现代林业发展的紧密结合。

2013年至今，通过学会领导和各方面的不懈努力，学会团结涉林高校和相关单位专家、学术骨干共同合作，初步构建起凝聚林业教育研究力量开展专题研究的长效工作机制。在杨继平、彭有冬两任理事长和学会其他副理事长、骆有庆秘书长的关心指导和鼓励支持下，学会常务副秘书长田阳同志作为学会学术课题研究的主要执行负责人，依靠学会秘书处集体力量，抢抓机遇，主动作为，推动学会的理论研究工作取得新进展。

为系统梳理和集中传播学会主持、承担或参与各项重点课题取得的主要研究成果，田阳同志组织编撰了《新时代林科教育发展研究》一书，从宏观、专题、实证等维度出发，深入分析新时代生态保护建设的总体情况和人才科技需求，力求从更宽和更广的视野系统把握林科教育面临的机遇和挑战；完成涉林涉草学科建设、卓越农林人才培养模式改革、林业人才和教育培训对策建议等专题研究，提出一系列富有建设性的对策建议；深化产教融合协同育人、林业高等教育国际化和自然遗产保护等林科教育新领域拓展等前瞻性问题的实证分析，形成诸多开拓性发展思路。相信本书的出版，能对进一步繁荣林科教育学术研究、促进林科教育高质量发展有所借鉴、有所帮助。

新时代呼唤林科教育展现新作为。2019年9月5日，习近平总书记给全国涉农高校书记校长和专家代表回信，对新时代高等农林教育发展提出了殷切期望，希望农林高校继续以立德树人为根本，以强农兴农为己任，拿出更多科技成果，培养更多知农爱农的新型人才，为推进农业农村现代化、确保国家粮食安全、提高亿万农民生活水平和思想道德素质、促进山水林田湖草系统治理，为打赢脱贫攻坚战、推进乡村全面振兴做出新的更大的贡献。支撑引领林科教育创新发展，林科教育研究探索永远在路上。中国林业教育学会将进一步落实学术立会的工作理念，深化重质量、有特色的林科教育研究，努力为新时代的林科教育现代化作出新的贡献。

中国林业教育学会秘书处
2019年9月16日

目录

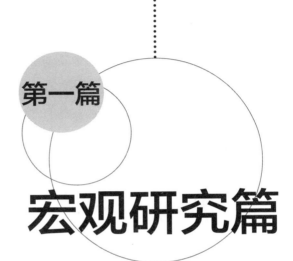

第一篇

宏观研究篇

习近平总书记指出，我国高等教育发展方向要同我国发展的现实目标和未来方向紧密联系在一起，坚持为人民服务，为中国共产党治国理政服务，为巩固和发展中国特色社会主义制度服务，为改革开放和社会主义现代化建设服务。回顾林科高等教育的发展，就是各涉林高校坚持教学、科研、生产相结合，把论文写在绿水青山间，主动为国家经济社会发展和林业可持续发展提供人才科技支撑的奋斗历程。

面对新时代、新需求，林科高等教育必须坚持立足四个服务面向，准确把握党和国家对自然生态系统保护建设和现代林业草原事业发展的宏观需求，将落实党的教育方针贯穿到办学全过程。

本部分重点结合习近平生态文明思想和习近平关于教育系列重要论述的阐释，深入分析了我国生态保护建设取得的成就、存在的问题和对策建议，并就国家生态治理体系改革中的制度体系构建、绿色大学建设等问题提出了前瞻性思考，力求从宏观层面把握林科教育发展面临的形势，找准发展着力点。

第一章

我国生态保护建设现状的综合研究

我国幅员辽阔，自然生态条件复杂，区域差异巨大，生态空间格局具有多样性、非均衡性特征。尽管近年来生态保护和建设取得明显成效，局部地区生态质量有较大改善，但国家生态资源不足、生态条件脆弱的基本情况没有根本改变，部分地区生态退化趋势尚未得到根本遏制，可以概括为"成就明显，局部改善；基础薄弱，形势严峻"。

一、我国生态保护和建设取得的主要成就

改革开放 30 多年，特别是进入 21 世纪后的 10 多年来，随着经济不断发展，国家投入巨资实施重点生态工程，开展大规模的生态保护和建设，取得了显著成就。与此同时，部分农区、山区的产业结构变化，生产水平提高，农村人口转移，能源结构发生变化，对自然生态系统的影响方式发生转变，许多地方的生态状况得到明显改善。

1. 实施重大生态工程，森林蓄积量和森林覆盖率实现双增

国家连续实施天然林资源保护、退耕还林、防护林建设等生态工程。截至 2013 年年底，天然林资源保护工程累计完成造林 1 508.99 万公顷，全国天然林面积从 11 969 万公顷增加到 12 184 万公顷；天然林蓄积从 114.02 亿立方米增加到 122.96 亿立方米。退耕还林工程实施以来，共退耕还林 2940 万公顷，累计完成造林 2 580.62 万公顷，工程区森林覆盖率平均提高，带动了退耕农户直接增收、农村产业结构调整和粮食稳产。防护林体系建设成效显著，"三北"工程实施 35 年累计完成造林保存面积 2 647 万公顷，"长江防护林、珠江防护林、沿海防护林、太行山绿化、平原绿化"二期工程共完成造林 1 322 万公顷，低质低效林改造 31.4 万公顷。以工程实施为牵引，我国森林资源呈现出数量持续增加、质量稳步提升、效能不断增强的发展态势。据第八次全国森林资源清查，森林面积由 1.95 亿公顷增加到 2.08 亿公顷，净增 1 223 万公顷，人工林面积增加至 6 933 万公顷；森林覆盖率由 20.36% 提高到 21.63%，提高 1.27 个百分点；森林

蓄积由 137.21 亿立方米增加到 151.37 亿立方米, 净增 14.16 亿立方米, 其中天然林蓄积增加量占 63%, 人工林蓄积增加量占 37%。森林每公顷蓄积量增加 3.91 立方米, 达到 89.79 立方米; 近成过熟林面积比例上升 3 个百分点。森林生态功能增强。全国森林植被总生物量 170.02 亿吨, 总碳储量达 84.27 亿吨; 年涵养水源量 5 807.09 亿立方米, 年固土量 81.91 亿吨, 年保肥量 4.30 亿吨。

2. 加强荒漠化防治, 荒漠化土地面积持续减少

近 30 年来, 通过一系列国家级生态治理工程的实施, 以年均 0.024% 的 GDP 投入, 治理和修复了大约 20% 的荒漠化土地。据 2011 年公布的第四次全国荒漠化和沙化监测结果, 我国土地荒漠化和沙化整体得到初步遏制, 荒漠化和沙化土地面积持续减少。2009 年与 2004 年相比, 5 年间荒漠化土地面积净减少 12 454 平方千米, 年均减少 2 491 平方千米; 沙化土地面积净减少 8 587 平方千米, 年均减少 1 717 平方千米; 石漠化土地减少 9 600 平方千米。

3. 湿地保护管理不断加强, 湿地保护网络体系初步形成

自实施《全国湿地保护工程实施规划(2011—2015 年)》以来, 到 2013 年 11 月, 全国已建立 550 余处湿地自然保护区、468 个湿地公园, 有 46 处国际重要湿地, 基本形成了以湿地自然保护区为主体, 国际重要湿地、湿地公园等相结合的湿地保护网络体系。积极开展《湿地公约》履约工作。第二次全国湿地资源调查结果显示, 全国受保护湿地面积 2 324.32 万公顷, 受保护湿地面积增加了 525.94 万公顷, 湿地保护率由第一次全国湿地资源时的 30.49% 提高到现在的 43.51%。

4. 牧区草原质量出现好转, 生态恶化势头初步遏制

随着轮牧、禁牧、圈养等草原牧业生产方式的大力推广, 全国草原生态加速恶化的势头得到了初步遏制。2013 年, 全国草原综合植被盖度达 54.2%, 全国禁牧草原面积达 0.96 亿公顷, 草畜平衡面积达 1.73 亿公顷; 全国重点天然草原的平均牲畜超载率为 16.8%, 较上年下降 6.2 个百分点, 自 21 世纪以来全国重点天然草原平均牲畜超载率首次下降到 20% 以下。

5. 自然保护区建设成效明显, 野生动植物保护不断加强

截至 2013 年年底, 我国共建立国家级自然保护区 407 处。截至 2012 年, 我国自然保护区总面积约 149.71 万平方千米, 占我国陆地国土面积的 14.93%; 森林公园和风景名胜区总面积约 19.37 万平方千米, 占我国陆地总面积的 2.02%; 自然保护小区 5 万多处, 总面积逾 1.5 万平方千米。自然保护体系有效保护了我国 90% 的陆地生态系统类型、85% 的野生动物种群和 65% 的高等植物群落。濒危物种的拯救和繁育不断加强, 珍稀濒危陆生野生动物的种群基本扭转了持续下降的态势, 总体稳中有升。科学开展迁地保护, 建设植物园近 200 个, 收集保存了

占我国植物区系 2/3 的 2 万个物种；建立了 230 多个动物园、250 处野生动物拯救繁育基地；建立了 400 多处野生植物种质资源保育基地；建立了中国西南野生生物种质资源库，搜集和保存我国野生生物种质资源。积极履行各种国际公约并推动国际合作。

6. 坚持综合治理，水土保持和工矿区生态恢复取得新进展

健全水土流失综合防治支撑体系，实施水土流失综合治理。根据全国水土保持情况普查结果，近 15 年我国水土流失面积净减少 61 万平方千米，水土保持措施保存面积达 99.16 万平方千米。土壤侵蚀面积比 2002 年第二次全国土壤侵蚀遥感调查结果减少 17.06%。2010 年新的《中华人民共和国水土保持法》施行以来，新增水土流失综合治理面积 15.8 万平方千米，年平均减少土壤侵蚀 15 亿吨。城市水土保持不断加强。全国共制定实施生产建设项目水土保持方案 25 万多项，投入水土保持资金 4000 多亿元，防治水土流失面积 15.4 万平方千米，使得我国工矿区的生态恢复不断加强。

7. 城镇生态建设力度加大，城镇绿化规模不断扩大

国家有关部委对城镇生态保护和建设给予高度重视，先后制定创建"国家园林城市""全国绿化模范城市""国家森林城市""生态园林城市"等引导政策，辐射带动城镇绿化速度不断加快。全国城市人均公园绿地面积从 2000 年的 3.7 平方米增加到 2012 年的 12.3 平方米。全国城市建成区绿化覆盖面积 149.45 万公顷，绿化覆盖率 38.22%，城市人均公园绿地面积 10.66 平方米。城镇绿化建设模式依据城镇特定发展形成不同的绿地布局结构，城市森林建设以"林带+林区+园林""环城生态圈+林水一体化""三网、一区、多核"等为代表，形成"点线面"相结合的模式。

二、我国生态保护和建设的现状和基础

尽管我国生态保护和建设成效显著，但是由于生态资源总量不足、基础薄弱，自然生态系统十分脆弱、生态产品十分短缺、生态破坏十分严重、生态压力剧增、生态差距巨大的基本特征没有变。

结合近年来完成的第二次全国土地调查、第八次全国森林资源清查、第四次全国荒漠化和沙化监测、第二次岩溶地区石漠化监测、第二次全国湿地资源调查等结果分析，可以将我国生态保护建设面临的严峻形势概括为五个方面：

1. 自然生态系统十分脆弱，生态承载问题日益突出

我国生态资源总量不足，森林、湿地、草原等自然生态空间不足，生态系统十分脆弱的情况将长期存在。截至 2013 年，全国林地面积为 25 395 万公顷，草

地面积达 28 731.4 万公顷，湿地总面积 5 360.26 万公顷。近年来我国生态用地变化明显。近 5 年间已有 800 万公顷林地转为非林地，每年流失林地高达 161.2 万公顷。全国因草原退化、耕地开垦、建设占用等因素导致草地减少 1 066.7 万公顷。根据第二次全国湿地资源调查，2013 年与 2003 年相比，湿地面积减少 339.63 万公顷，减少率为 8.82%。其中，自然湿地面积减少了 337.62 万公顷，减少率为 9.33%，具有生态涵养功能的滩涂、沼泽减少 10.7%，冰川与积雪减少 7.5%。

2. 生态系统功能不强，生态产品十分短缺

我国是世界上人均生态资源稀缺的国家之一，生态系统服务功能较弱，与人民日益增长的生态产品需求相比差距明显。森林资源总量相对不足、质量不高、分布不均、功能不强的状况仍未得到根本改变，人均森林面积仅为世界人均水平的 1/4，人均森林蓄积只有世界人均水平的 1/7。生物多样性锐减，濒危动物达 258 种，濒危植物达 354 种，濒危和受威胁物种总数居高不下，已占到脊椎动物和高等植物种类总数的 10%~15%，许多野生动植物的遗传资源仍在不断丧失和流失。湿地受威胁压力持续增大，保护空缺较多，功能有所减退，生态状况依然不容乐观，湿地生态状况总体上处于中等水平，其中评级为"好"的湿地占到湿地总面积的 15%，评级为"中"的占 53%，评级为"差"的占 32%。草原质量和生产力水平普遍较低，全国中度和重度退化草原面积仍占 1/3 以上，造成生态产品生产能力严重下降。

3. 生态破坏十分严重，生态赤字有扩大趋势

我国生态系统退化问题突出，边保护边破坏现象严重，资源环境严重透支。荒漠化土地、退化草原、水土流失面积较大，局部地区仍有扩展。荒漠化土地面积为 262.37 万平方千米，沙化土地面积为 173.11 万平方千米，石漠化土地 12 万平方千米。全国土壤侵蚀总面积为 294.91 万平方千米，其中水力侵蚀 129.32 万平方千米、风力侵蚀 165.59 万平方千米。此外，还有 31.1 万平方千米土地具有明显沙化趋势，局部地区沙化土地面积仍在扩展。北方荒漠化地区植被总体上仍处于初步恢复阶段，自我调节能力仍较弱，稳定性仍较差，难以在短期内形成稳定的生态系统。西南地区石漠化和生物多样性降低问题突出，西北地区草原荒漠化和土壤盐渍化问题严重，青藏高原地区冰川和湿地面积萎缩、草地退化和生物多样性降低问题明显，黄土高原地区植被破坏、水土流失问题严峻。

自然资源开发利用保护不当引发的生态破坏问题仍然严重。区域性产业布局、产业结构与生态承载力不匹配、不协调。公路铁路、城镇建设、矿产资源开发、水利水电大型工程等各类开发建设活动对水、土、植被自然资源的破坏情况严重，生态系统破碎化趋势值得重视。近 5 年，非法占用林地 13.3 万公顷，毁林开垦等其他名目占用林地超过 133 万公顷，局部地区毁林开垦问题依然突出；因生产建设项目扰动地表面积，造成地表土层破坏，加重水土流失的面积达 500 万公顷，增加的水土流失量达 3 亿吨。另外，保护性破坏的现象也在局部地区存在，如为保护草场修建的围栏网，没有综合考虑草原有蹄类动物的迁徙路线，造成严重威胁。

根据世界自然基金会和中国科学院地理科学与资源研究所联合发布的《中国生态足迹报告 2012》，我国 80% 的省份出现生态赤字，仅有的西藏、青海、内蒙古、新疆、云南和海南等生态盈余区，其生态脆弱性也比较突出。究其原因是自 20 世纪 70 年代初以来，我国消耗可再生资源的速率开始超过其再生能力，出现生态赤字。由于我国人口数量大，生态足迹总量在全球各国中最大，已经超过自身生态承载力的一倍。

4. 生态压力剧增，保护建设难度加大

我国在生态保护和建设方面历史欠账太多，随着我国经济持续高速或较高速增长，新老生态问题交织，将在相当长时期内形成较强的刚性生态压力，生态保护和建设面临十分艰巨的任务，需要较长时间、付出很高代价，是一场攻坚战、持久战。

巩固现有生态保护建设成果的难度加大。对已有 5 亿多公顷林地、湿地、沙地的治理保护经营管理任务更加艰巨。目前的可造林地 60% 集中在中西部地区，地块分散，条件很差，造林难度越来越大。目前，全国仍有 180 多万平方千米水土流失面积、2400 万公顷坡耕地和 44.2 万条侵蚀沟亟待治理，全国资源枯竭型城市有约 14 万公顷沉陷区需要生态修复治理。据第二次全国土地调查初步结果，全国有 564.9 万公顷耕地位于东北、西北地区的林区、草原以及河流湖泊最高洪水位控制线范围内，还有 431.4 万公顷耕地位于 25 度以上陡坡。

随着经济社会特别是城镇化的加速发展，经济发展对生态系统的影响将不断加剧。2012 年全国城镇人口已达 7.1 亿，预计到 2030 年将超过 10 亿。京津冀、长江三角洲、珠江三角洲三大城市群，以 2.8% 的国土面积集聚了 18% 的人口，东部人口密集地区资源约束趋紧，部分地区经济活动开发强度过高，严重压缩生态空间，自然生态系统处于退化状态，有些地区已经接近或超过生态承载能力的极限，生态安全形势严峻。中西部地区承接发达地区产业转移和资源开发，对部分生态脆弱地区可能导致新的生态破坏，不容忽视。加强城镇生态建设，守住生态红线，扩大生态空间，肩负巨大压力。

气候变化对生态系统演变产生的影响不容忽视。气候变化导致森林树种结构与分布改变，阔叶林向更北更高扩展，物种适生地整体北移。华北、东北、黄土高原和西南地区的气候暖干化导致水资源日趋紧张，降水减少地区的森林向旱生演替，草地退化，湿地萎缩，森林、草原火灾与虫鼠害加重，部分地区荒漠化加重。旱涝加剧了南方丘陵山区的水土流失。气候异常和极端事件频繁发生使生态系统的不稳定性增加，生物多样性减少，一些珍稀物种濒临灭绝。

5. 生态差距明显，履行国际生态责任面临严峻形势

良好的生态是一个国家最核心的竞争力之一。与生态良好的发达国家相比，我国是森林资源最贫乏的国家之一，即使现有 3 亿公顷林地全部造林，覆盖率也只有26%，不及世界31%的平均水平。我国作为世界上最大的发展中国家，在人均自然资源上与其他发展中大国相比并无优势。我国是土地沙化和水土流失最严重的国家之一，沙化土地面积超过国土面积的 1/5，水土流失面积超过国土面积的 1/3。生态差距是我国与发达国家的最大差距。

世界各国、特别是世界大国、国际组织，对全球变化、生态问题的关注与日俱增，各类生态环境行动不断涌现，给我国生态保护和建设带来了前所未有的国际压力。国际社会对森林资源保护、荒漠化防治、湿地保护、野生动植物保护等相关公约管制刚性约束机制趋强，涉及我国的敏感物种和敏感议题不断增多，履行国际公约的任务将愈发艰巨。森林资源两增目标实现难度加大。经济社会快速发展产生的利用需求对自然碳汇、野生动植物及生物多样性保护的压力长期存在。

总之，我国生态条件脆弱，局部生态改善和局部恶化并存，生态问题仍是制约我国经济持续健康发展的重大矛盾、人民生活质量提高的重大障碍、中华民族永续发展的重大隐患。因此，必须对生态保护和建设的长期性、艰巨性和复杂性，给予高度重视。

三、我国生态保护和建设积累的主要经验

长期以来，国家和地方围绕生态保护和建设，持续进行了有益的探索，积累了一些宝贵经验，主要包括五个方面：

1. 党和政府主导，多方参与

生态保护和建设是综合性的系统工程，涉及面广、组织实施难度大。长期以来，党和政府对生态保护和建设的认识不断深化，坚持发挥社会主义制度集中力量办大事的优越性，强力推动生态保护和建设，实施了一批重大工程，推动治理区呈现生态改善的良好势头。在此过程中，政府注重调动各类社会主体投身生态保护和建设的积极性，广大人民群众成为生态保护和建设的参与主体，自觉参与意识普遍增强。截至 2013 年年底，全国参加义务植树人数累计 144.3 亿人次，植树 665.2 亿株。生态工程区的广大群众通过多种形式，投身生态保护和建设，

作出重要贡献。

2. 生态民生兼顾，治理开发并重

20世纪末以来，生态保护和建设重点工程在保护生态的同时，通过对生态脆弱区当地农民进行补偿，实施生态移民、劳动力转移，实现禁伐、禁牧轮牧等生产、生活方式转变，提高了人民群众生活水平，也在局部减少了对自然资源的压力，缓解了经济发展对生态保护的压力。草原、海洋和其他生态系统的保护和建设，也都尽可能把改善生态状况与改善城乡居民生产生活条件统一起来，尤其是注重提高人民群众收入。

3. 遵循自然规律，坚持因地制宜

生态保护和建设逐步摈弃以往"人定胜天、战天斗地"等错误做法，综合考虑区域自然资源条件，根据因地制宜、因害设防、因势施策、分类指导、科学规划、合理布局、防治结合的要求，推进生态保护和建设。坚持工程措施、生物措施相互配合，植被建设按照乔灌草配合，宜乔则乔、宜灌则灌、宜草则草、宜造则造、宜封则封，尊重植被地带性规律。对尚未遭受破坏的生态系统进行严格保护；对遭受一定程度破坏的生态系统加强保护，休养生息；对很难自我恢复或需要漫长时间才能恢复的生态系统，通过人工辅助措施，加快恢复步伐；对已完全破坏的生态系统，通过人工措施加以恢复重建。

4. 实施重大工程，长期坚持不懈

自"三北"防护林工程实施以来，我国以重点区域和关键领域为抓手，坚持实施重大生态保护和建设工程，给予长期连续的保护建设，一批科技成果运用到工程中，工程综合效益不断发挥，对于扩大森林、湿地面积，推进荒漠化、石漠化、水土流失综合治理，增强生态产品生产能力起到了至关重要的作用。

5. 不断改革创新，适时调整政策

各级政府和部门在强化政府行政推动的同时，注重发挥市场机制的作用，创新组织发动机制，建立健全多元化筹资机制。坚持鼓励扶持与约束制约相结合，激发生态保护和建设的内在活力。

四、我国生态保护和建设存在的主要问题

长期以来，由于经济发展方式粗放、不可持续，以破坏生态为代价。在落实生态优先理念、加强顶层设计、健全法制体系和管理体制机制，完善规划投入管理、加强科技支撑及人才培养、推进国际合作等方面都存在诸多问题，成为制约生态文明目标实现的短板之一。

1. 生态优先理念未完全树立，生态系统综合管理不到位

相当一部分地方政府和领导干部对生态保护建设的重要地位认识不到位、落

实举措更不到位。GDP 至上的发展理念仍然在部分地区占据主导地位，重经济发展、轻生态建设，造成经济发展严重超越生态红线。生态保护与建设的内容尚未真正纳入各级政府的绩效考核和评价体系，或者即使纳入其重要性也没有充分体现。部分领导干部缺乏生态优先观念，没有树立生态红线底线思维，不顾生态承载力盲目决策。部分地区以牺牲生态换取经济发展，片面追求 GDP，生产空间、工业空间挤占生态空间，不履行生态责任或履责不到位，生态问题引发的突发事件和群体性事件明显增多。

生态保护建设实践中，缺乏生态系统管理的科学理念，"山水林田湖是一个生命共同体"的系统思想树立不够，对生态系统具备的整体性规律、多样性特点认识不到位。在决策和执行层面，对自然资源保护和利用统筹兼顾不到位，存在只消极保护不科学利用等非此即彼的片面做法。

口头生态和伪生态做法不同程度存在。一些地区违背生态规律主观蛮干，林草植被建设忽略水土资源承载力，只强调提高植被覆盖率，忽视生态功能和生态系统服务的恢复；城镇土地粗放利用、空间无序开发，绿化违背生态规律，追求挖山填湖、大树移栽、一夜成林等短期行为，景观结构与所处区域的自然地理特征不协调，千城一面现象突出，无法体现城镇特色风貌。"治理性"破坏、"开发性"破坏的现象在少数地方不断蔓延。生态保护建设中对自然修复和人工建设的有机结合认识不到位，既有忽视自然规律作用而过分强调人为治理活动功能的偏向，也有过分强调被动保护而忽视人工管理和合理利用生态系统服务功能的偏向。人工干预保护措施与自然封育措施结合不紧密，单纯强调自然修复或人工建设，出现偏差。

2. 法律体系和管理体制不完善，生态补偿机制亟待完善

生态保护建设的法律体系还很不完善，理念滞后、体系散乱、层次较低。例如，《中华人民共和国森林法》《中华人民共和国野生动物保护法》修订亟待加速，湿地保护至今没有国家层面的立法保障。现有法律、制度、政策尚不适应要求，落实不够严格，重授权性规定，轻责任性规定；程序性规定不足、不清、不细；行政执法和司法衔接不足，处罚力度偏轻、执法不严的问题突出。具备生态保护建设整体性、系统性的法律法规被管理部门人为切割，有关单行法之间相互冲突、脱节、重复，水资源保护管理等制度被人为划分开来。

行政管理系统的分割性与自然生态系统的整体性要求存在冲突。从截至2013年的情况来看，生态保护建设综合规划和宏观政策制定基本归属综合经济部门，具体的自然保护建设职能则分散在林业、水利、农业、国土、环保等部门，条块分割明显，监管力量分散、职能分散交叉，效能性、统筹性不强，对山水林田湖的综合保护和建设不够。各部门按照条块分割，分别编制规划，分头组织实施，削弱了生态保护建设的合力和效果。

体制不顺突出表现在有生物多样性、自然保护区管理和城镇生态建设等领域。自然保护区管理体系名目繁杂，自然保护区、风景名胜区、森林公园、地质公园、文物保护单位等"一块地多块牌子"的现象普遍，体制不顺和管理机制缺位并存。如城市生态建设缺乏城乡统筹和跨部门统筹，城市林业规划未与城镇规划统一进行。林业部门和城建部门关于城镇绿化与城市林业建设的争论不断。

自然资源资产产权、资源有偿使用、生态环境损害赔偿和生态补偿等方面，缺乏科学设计，对生态产品的公共属性和社会属性认识不到位。资源消耗、环境损害、生态效益等体现生态文明建设状况的指标尚未真正纳入经济社会评价体系。生态补偿中"谁受益、谁补偿，谁受损、谁获偿"的公平问题没有妥善解决，生态补偿与扶贫开发衔接不好。生态补偿范围不明确、补偿标准不科学、补偿模式比较单一、资金来源缺乏、政策力度偏小、范围偏窄，且只是区域性、阶段性、临时性措施，缺乏全局性、长效性补偿政策。地区间横向生态补偿制度没有建立，缺乏调动和激励自觉保护生态的机制。

自然保护区中分布有集体林的现象在我国华东、华南和华中等地区比较突出，如何在实现自然保护区建设管理的前提下，充分保障自然保护区内林木、林地所有权人的权益，已成为当前亟须解决的问题。集体林权改革后，林农经营规模太小，难于按现代林业要求开展科学经营，产业无法上规模升级。天然林保护工程实施后，公益林限制利用（甚至禁止），天然林保护扩大范围，因此，需要对科学增加补偿进行认真研究。

3. 顶层设计、总体规划不系统，生态工程的持续性不强

我国国情和自然生态条件极为复杂，各地情况千差万别。目前，生态保护建设的总体设计缺乏系统性，与经济结构调整、生活方式和消费模式转型的要求结合不紧密，亟须在生态文明建设改革框架下进行顶层设计。与《全国主体功能区规划》相适应的生态保护建设区域性、行业性和专题性规划不完善，部分规划互不一致、交叉重叠，统一的生态空间规划体系尚未形成。森林、湿地、草原、水土保持、自然保护区、野生动植物保护各单项规划之间的衔接不畅。

部分生态保护建设工程"重建设、轻论证"，亟须增强工程规划的科学性、稳定性，提高分类指导性和可操作性。生态工程的规划和实施缺少自下而上的参与，规划调查研究不足，仓促上马，没有很好地与各地自然生态条件相衔接，从规划到实施等各个环节套用同一模式的"一刀切"做法不同程度存在，生态保护建设工程未能长期发挥作用。同时，部分地区生态保护建设工程有规划不执行，约束性不强，导致建设内容无法落实到具体的山头地块。各地在落实生态保护建设工程时，还存在闭门造车、拍脑袋决策等不良倾向。

部分生态工程的连续性不强。如退耕还林任务停滞与基层需求形成强烈反差，退耕还林政策补助效益大幅度下降，巩固工程建设成果的压力越来越大。又如天然林保护方面，全国尚有 14 个省（自治区、直辖市）的天然林缺乏保护的统一规划，工程区森林抚育政策仍待完善，一些补助政策标准偏低，未及时调整，资金缺口较大。再如防护林工程林种结构与多样化功能需求不相适，中幼龄期人工植被占据很大比例，且树草种类比较单一，稳定性较差，抗干旱、抗风蚀、抗病虫害能力弱，极易受到外界环境的影响而发生逆转。林网残缺、退化老化、整体防护效能不高、后期抚育管护不到位等突出问题亟待关注。

4. 保护和建设的投入不足，人才培养使用、科技支撑存在薄弱环节

生态保护和建设的投入总量不足，投入效益不高。由于我国生态欠账比较多，应保持较大幅度的投入增长才能扭转当前的恶化趋势；同时，投入成本效益不高，参与主体不够多元、社会动员不足。资金投入过度依靠公共财政，市场机制决定性作用发挥不够，政府投入多，社会投入少，缺乏有效的社会资金引导机制。社会资金投入渠道缺失，公众的参与还主要停留在被动式、象征性层面，实质性参与的长效机制尚未建立。

生态保护和建设的科技投入不足，方向分散且不连续。基础性研究的长期稳定支持不足，天然林保护经营、优良种苗选育、林产品精深开发等关键领域的技术研发工作仍很薄弱。技术支撑推广体系不健全，应用传统落后生产技术的情况十分普遍，林业的科技进步贡献率仅为43%，不仅低于农业53.5%的水平，更低于林业发达国家80%的水平。生态保护建设科技成果在生产中的应用程度低，技术标准不规范，技术的合理利用不够，没有真正落地。保护建设技术运用不当的问题也在一定程度存在。

生态保护建设的支撑能力严重不足。对生态系统服务功能估算的生态效益监测网络体系有待健全，自然保护区的本底情况不清楚，生态监测评价技术体系与评价方法落后。自然保护区、林区管护站等生态保护建设基层机构基础条件较差，缺编制、缺资金、缺办公场所、缺硬件设备，基础设施建设投入不足，无法满足履行职能的需要。全国各级现有 53 个水土保持科研站所，缺乏高新科技研究分析设备，科技人员能力难以发挥。

与生态保护队伍建设的需求相比，专业人才培养、使用的政策引导和供需对接存在很大差距。一方面，基层技术力量薄弱，专门人才进不来、留不住、骨干流失现象严重，队伍专业化程度不断降低，有断档、断层的危险。另一方面，院校在培养基层适用人才方面存在不足，引导毕业生对口进入基层的政策不健全、渠道不畅通，造成了"学林的干林少，干林的学林少"的结构性矛盾凸显。现有的生态保护建设队伍培训不足，能力提升不够也是突出的短板。

5. 与发达国家生态水平差距很大，国际合作空间需要拓展

发达国家的森林、湿地、草原等生态资源保护体系更加健全，保护手段更加丰富。就天然林资源保护和森林经营而言，新西兰、澳大利亚等国坚持实行分类经营，发展利用人工林，减轻天然林资源消耗的压力。德国发展近自然林业，通过天然或人工促进天然更新、调整树种结构、大力发展阔叶林和混交林等方式，提高森林生态系统的稳定性，逐渐将森林向天然原始林的方向发展。瑞士、奥地利等山地国家注重统筹发挥森林的防护作用和木材供给功能，根据科学规律设置具有法律性质的森林采伐利用限制性规定，并将由此产生的生产成本由政府予以补助，既保护了森林使其发挥生态作用，又促进了木材生产和经济发展。

在退化生态系统保护方面，以色列、美国等先进国家以节水和提高水资源利用效率为核心，积极发展高科技、高效益的技术密集型现代化高效农业，高效开展沙漠地区光热、风能，重视对天然植被的保护、封育以及破坏后的土地的复垦与管理，有效应对荒漠化。澳大利亚政府对干旱和土地退化采取了以保护为主的一整套土地保护管理的技术和措施。

发达国家广泛开展城市自然保护与生态重建活动，日益重视城市动植物生态研究。美、英、德等国重视城市生态基础调查与研究，更新城市绿地体系建设理论，以城市小生境保护点为切入，加强城市内自然保护。芝加哥等将环形城市带的中心作为自然区域加以保护，从区域尺度上协调城市与自然关系。不断加强城市周边自然景观的保护，加强生态公园建设、废弃土地的生态重建、城市绿道体系建设、城市栖息地网络的构建、城市雨水径流的管理与区域水循环的恢复，从更大尺度上构建完备的城市自然生态保护网络。

无论是在森林、湿地、草原等自然生态系统保护建设，还是在城市生态保护建设，我国与发达国家相比都还存在一定的差距。需要及时借鉴运用先进经验，更加积极主动地参与到国际合作中，拓展国际合作空间，提升国际话语权，加快生态保护和建设。

（撰写人：田阳。本研究报告系中国工程院"新时期国家生态保护和建设研究"课题(2013—2015)部分内容，报告撰写得到沈国舫、吴斌、严耕、李世东等专家的指导）

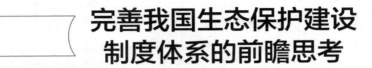

第二章

完善我国生态保护建设制度体系的前瞻思考

资源约束趋紧、环境污染严重、生态系统退化是当前我国社会经济面临的严峻形势。生态与环境、资源之间是"一体两用"的关系，生态是"体"，环境和资源是人类出于生存和发展的需要对生态的两种用途。因此，加强生态保护建设，优化生态空间格局，增加生态产品供给，是生态文明建设取得成功，实现标本兼治的治本之策。党的十八届三中全会提出，加强生态文明制度体系构建，生态保护建设的制度设计必须先行。当前，必须着眼生态系统的完整性，充分运用改革思维和法治思维，推进生态保护建设制度体系的构建。

一、我国生态保护建设形势和问题研判

2014 年，中央经济工作会议对当前经济社会新常态的特征做出了准确概括，会议指出，从资源环境约束上看，过去能源资源和生态环境空间相对较大，现在环境承载能力已经达到或接近可承受上限。由于生态资源总量不足、基础薄弱，我国自然生态系统十分脆弱，生态产品十分短缺，生态破坏十分严重，生态压力剧增的情况更加凸显。我国生态保护建设面临的形势严峻，生态问题日益演变成为一个多层面、多维度、多因素的复杂性问题，也成为经济问题、社会问题，乃至政治问题。

我国生态资源总量不足，森林、湿地、草原等自然生态空间不足。生态资源总量相对不足、质量不高、分布不均、功能不强，生态系统十分脆弱的情况将长期存在。特别是自然资源开发利用不当引发的生态破坏问题仍然严重，生态系统退化问题突出，边保护边破坏现象严重。各类开发建设活动对水、土壤、植被等自然资源的破坏情况严重，生态系统破碎化趋势值得重视。近 5 年，毁林开垦等超过 133 万公顷，生产建设项目造成地表土层破坏，加重水土流失的面积达 500 万公顷，增加的水土流失量达 3 亿吨。

生态保护建设的严峻形势，要求我们必须用正确的理论，深刻剖析生态问题错综复杂的根源。通过运用系统观点、普遍联系和重点分析的方法论分析，可以

看到，资源与环境综合承载力已处于超载状态，掠夺性经营方式是生态与环境恶化的重要因素。片面追求 GDP，忽视人与自然协调发展，是生态危机的导向因素。科技滞后，难以支撑和解决生态破坏难题。我国的生态与环境状况，已经严重威胁到中华民族的生存与发展，成为我国经济社会发展的硬束。

1. 顺应自然、保护自然、珍惜自然的理念有待强化落实

由于对生态保护建设的重要地位认识不到位，部分领导干部的生态优先观念、生态红线底线思维尚未完全建立。部分地区的发展模式仍旧粗放，片面追求 GDP。在生态保护建设实践中，"山水林田湖草生命共同体"思想尚未落实，缺乏对自然修复和人工建设有机结合的正确认识，人工干预保护措施与自然封育措施结合不紧密，存在单纯强调自然修复或人工建设的偏差。

2. 自然生态保护建设的顶层持续设计有待加强

我国国情和自然条件极为复杂，各地情况千差万别。目前，生态保护建设的总体设计缺乏系统性，与经济结构调整、生活方式和消费模式转型的要求结合不紧密。与《全国主体功能区规划》相适应的生态保护建设区域性、行业性和专题性规划不完善，部分规划交叉重叠。森林、湿地、草原、水土保持、自然保护区、野生动植物保护各单项规划之间的衔接不畅。部分生态保护建设工程"重建设、轻论证"，亟须增强工程规划的科学性、稳定性，提高分类的指导性和可操作性。部分地区生态保护建设工程有规划不执行，约束性不强，导致建设内容无法落实到具体的山头地块。各地在落实生态保护建设工程中，还存在闭门造车、拍脑袋决策等不良倾向，部分生态工程的连续性不强。

3. 自然保护建设的资源投入、人才培养使用、科技支撑等方面存在薄弱环节

生态保护和建设的投入总量不足，投入效率不高。由于我国生态欠账比较多，应保持较大幅度的投入增长才能扭转当前的恶化趋势。资金投入过度依靠公共财政，市场机制决定性作用发挥不够，政府投入多，社会投入少，缺乏有效的社会资金引导机制。公众实质性参与的长效机制尚未建立。生态保护和建设的科技投入不足，方向分散且不连续。基础性研究的长期稳定支持不足，技术支撑推广体系不健全，生态保护建设科技成果在生产中的应用程度低，保护建设技术运用不当的问题也在一定程度存在。与生态保护队伍建设的需求相比，专业人才培养、使用的政策引导和供需对接存在很大差距，现有的生态保护建设队伍培训不足，能力提升不够。

按照库兹涅茨曲线的规律，我国在生态保护和建设方面历史欠账太多，加之随着我国经济持续高速或较高速增长，新老生态问题将在相当长时期内交织，形成较强的刚性生态压力，生态保护和建设需要较长时间，付出很高代价，是一场攻坚战、持久战。

良好的生态条件，借不来也买不到，是不可逾越的红线，也是必须坚守的底线。生态的改善并不会自动发生，它有赖于制度体系的完善、生产生活方式的转变和全社会环保意识的提高。特别是我国经济追赶式发展的时间压缩，更要求压缩型的生态保护建设，才能实现经济发展与生态环境共赢。

二、我国现有生态保护建设制度的现实约束分析

党的十八届三中全会提出，建立系统完善的生态文明制度体系，用制度保护生态环境，为今后加快自然保护制度体系建设指明了方向。制度建设具有根本性、持续性和全局性的特征。回顾现有的生态保护管理体制、制度体系建设历程，我们可以看到存在的主要问题体现在以下几个方面：

1. 生态保护建设管理体制不健全

生态保护建设管理体制不健全主要表现在政府职能转变不到位，生态保护等公共管理监管职能过弱、过小，生态保护领域政府与市场的关系尚未理顺，社会基层的生态保护建设能力薄弱，活力未能很好释放。中央、地方事权划分不清，利益相关部门的职能交叉，多头管理、各自为政、标准各异，缺乏有效的协调机制。生态保护建设行政管理的分割性与自然生态系统的整体性要求存在冲突。

2. 生态保护建设的法律体系还很不完善

现有的法律法规大多是针对某一特定生态要素制定的，如《中华人民共和国森林法》《中华人民共和国草原法》《中华人民共和国水法》《中华人民共和国水土保持法》《中华人民共和国防沙治沙法》《中华人民共和国野生动物保护法》等，没有考虑自然生态的有机整体性和各生态要素的相互依存性，这种分散性立法在系统性、整体性和协调性上存在重大的缺陷和明显的不足，理念滞后、体系不健全、层次较低。具备生态保护建设整体性、系统性的法律法规被管理部门人为切割，相关单行法之间相互冲突、脱节。现有法律、制度、政策的执行尚不适应要求，落实不够严格，重授权性规定，轻责任性规定；程序性规定不足、不清、不细；行政执法和司法衔接不足，处罚力度偏轻、执法不严的问题突出。生态补偿方面，缺乏科学设计，"谁受益、谁补偿，谁受损、谁获偿"的公平问题没有妥善解决。生态补偿范围不明确、标准不科学、模式比较单一，资金来源缺乏，政策力度偏小、范围偏窄。地区间横向生态补偿制度没有建立，缺乏调动和激励自觉保护生态的机制。

3. 现有的生态保护制度对如何协调不同的利益诉求，实现生态公平公正方面存在欠缺

不同主体在生态保护领域的利益诉求呈现多元化的显著特点，需要制度进行

公平、公正、有效的规范。当前，生态服务价值凸显，公众生态意识提高，不同地区、不同群体、不同部门间生态保护建设诉求的分化愈发显著，甚至在一定条件下激化、碰撞。在生态保护领域，市场由于外部缺乏经济性、机制失灵等原因，可能难以有效发挥作用。仅依赖传统的政府监管、监察，也难以将分化弥合，而且可能会产生利益寻租，进一步激化矛盾。因此，要发挥制度在利益分配中的主导作用，建立系统完整的生态保护制度体系，对一系列原则性问题、重大关键问题加以明确，更好地发挥市场和政府的作用，形成分配合理、运行有效的利益分配基本秩序。

综上所述，从本质上看，我国生态保护建设制度体系的不完善在于协调性不足，生态建设政策目标的多样性和实施部门的多元化存在冲突，生态政策与生态工程之间的协调性不够，生态政策与社会经济发展政策协调性还存在诸多制约。因此，需要发挥制度建设的根本性、全局性、稳定性和长期性作用，将生态文明理念以法律、规章、体制、机制、伦理、道德和习俗等形式落实到约束、规范、引导政府、企业和公众行为的方方面面，从而推动形成人与自然和谐的发展新模式，形成齐抓共管的新局面。这样才能解决生态保护中的现存问题，推进生态文明建设。

三、健全生态保护建设制度体系的若干思考

生态保护制度建设的主要内容包括制度的建立和完善、制度的落实和执行、有关行为的激励与惩罚，以及预期的形成和定性。健全适应生态文明要求的生态保护建设制度体系，体制改革和制度建设互为表里、密不可分。深化体制改革是载体，加强制度建设是实质内容，两者必须相互结合、相互配套，才能实现目标。

1. 着眼生态系统整体性，进行生态保护建设制度体系构建的顶层设计

在进行生态保护建设制度体系构建时，必须紧紧把握"山水林田湖是一个生命共同体"的理念，立足生态系统具有的整体性、联系性等基本特性，自然属性和社会属性等多维特点。要改革创新，自觉破除思维定势、行为惯性和路径依赖，加快思维创新、路径探索和制度供给。要以问题为导向，围绕增强生态系统服务功能，增加生态产品供给，抓住制度创新这个重点，在生态补偿、主体功能区规划、领导干部考核等方面积极探索。同时，要着眼理顺政府与市场的关系，更多地运用市场机制，激发各类保护主体的内生动力，实现政府与市场"两只手"协同发力、有机结合。建制度、重长效，避免政策"碎片化"，确保发展的科学性、有效性和可持续性。

生态保护建设的制度体系构建，必须把握重点、突出难点，要加快生态资源产权制度等基础性制度建设，推动自然生态系统保护制度和生态修复制度的建设。生态资源产权制度的建设，要重点界定国土空间内生态资源的所有者，明确产权主体，明晰产权关系，使生态资源的占有、使用、收益、处置做到权有其主、主有其利、利有其责。自然生态系统保护制度的建设，要通过落实到省、市、县和山头地块的最严格生态红线保护制度的划定，健全覆盖森林、湿地、荒漠、海洋等生态系统的最严格保护制度。建立国家公园体制，完善我国自然保护体系。生态修复制度的建设，要形成森林、湿地、荒漠三大自然生态系统和生物多样性全覆盖，国家和地方互为补充的生态修复工程体系。建立"谁破坏、谁付费、谁修复"的制度，形成不敢破坏、不能破坏、破坏不起的长效机制。

2. 关于生态保护建设管理体制和制度创新的具体思考

生态保护建设管理体制和制度创新是一个系统工程，涉及方方面面的内容。建议从优化生态保护建设的监督管理体制，完善生态保护建设的法律体系，构建社会责任体系，构建市场和利益调整制度体系，保障制度及公共协商机制等方面入手，推动改革和制度建设。

（1）优化生态保护建设的监管体制

人类经济运行系统的生产、加工、流通、运输、仓储、消费和处置等各个环节均会直接或间接地对生态环境产生不良影响。因此，生态保护和建设工作应当是一个能涵盖上述所有领域和各个环节的系统工程。加强生态保护和建设，应从生态文明制度顶层设计的层面，优化生态保护和建设的监管体制，将分散在不同部门的生态保护和建设职能整合起来，形成能够有效统一管理所有生态系统的行政监管体制。要从国家管理层面构建推进生态文明建设的领导管理体制，统筹协调机制和工作督导机制，改变"九龙治水""铁路警察各管一段"以及"小马拉大车"的局面，实现生态保护建设统一管理、条块结合、协调推进。

（2）着力完善生态保护建设的法律体系

要运用现代法治思维和法治方式，全面推进法治生态化，把生态保护建设方面比较成熟的经验制度化、政策化，通过建立与国家治理体系相配套的生态文明制度体系，提高生态保护建设治理能力和治理水平。

重点加强对传统立法的生态化改造。运用生态系统管理的理念，对宪法、民法、行政法、刑法、经济法和社会法等传统部门法进行生态化的改造，确认和保护生态利益，使所有的法律都"握指成拳、长出牙齿"，形成生态文明法治建设的整体合力。需要特别指出的是，对传统部门法的生态化，并不仅仅指在立法形式上规定生态保护的法律条款，而是要求于内在精神上能遵循生态系统管理的基本准则，并真正确认和有效保护基于生态系统服务功能而蕴含的生态利益。

（3）推动生态保护建设社会责任体系构建

生态文明不仅是生态利益的分享，更是生态建设和文明传承责任的分担。现代生态文明和生态建设的根本保障是社会责任体制的构建和完善。需要通过制度的系统设计，形成全社会共建生态文明的完善性、稳固性、持续性的行为模式。政府的责任是政策和战略的制定、生态公共管理体系的建设、生态的公共投入等。社会公众的责任是履行公民生态保护的责任，参与生态建设的活动。企业是经济活动的主体，其在生态建设上的主要责任是依照法律和相关制度，在资源利用和环境影响方面履行自己的责任，并回馈生态建设。这方面制度创新的关键就是：从政府角度，要加强制度和法律环境的构建，建立完善的生态监测、规划和投入制度，促进社会行为的引导和示范，促进生态建设与市场机制结合，完善生态补偿等利益分配制度。从企业角度，要严格履行企业的生态责任，节约资源，减少生态和环境破坏，参与生态服务的市场化，提供更多的生态产品和服务，履行企业回馈生态的制度和机制，推进绿色产业及绿色经济发展。

（4）创新生态保护建设的市场和利益调整制度体系

经济学关于经济人假设和利益最大化原理，启示我们在构建生态保护建设制度体系时，必须从利益调整入手。生态服务和生态产品，虽多属公共物品的性质，但随着相关资源产权的明晰，需求的不断增长，市场体系的健全，完全可以进一步充分发挥市场资源配置的作用，提高生态建设的成果。生态建设涉及众多利益关系，构建科学合理的利益调整制度是保证生态建设公平和有效的重要基础。在市场机制构建方面，需要建立生态旅游和景观资源的市场化、碳汇等生态服务的市场化、森林水资源供给等生态产品的市场化、生态责任履行市场化的机制，在推行生态资源节约和循环利用等方面进行探索。在利益调整制度方面，需要坚持谁破坏、谁受益，由谁付费的原则，探索征收对水、碳、空气清洁和森林资源利用及产品消费的税，以此作为生态建设的资金来源和不利行为的经济约束。建立科学的生态补偿制度体系，在森林、湿地和荒漠生态修复和保护中，建立国家生态系统补偿和对不同利益者补偿的体系，形成对生态系统、区域、相关利益者三类补偿模式。其最终目标是形成公共供给和市场结合，利益分享和责任明确的制度体系。

（5）完善生态建设保障制度及公共协商机制

生态建设是国家重要和基础的公益事业，建立和创新投入及服务保障制度至关重要。投入及服务保障制度是其他相关制度实施的重要前提。创新生态建设保障体系主要包括：实行政府直接和转移支付重大工程、重要生态修复、公益产品和服务供给管理运行、生态补偿；吸引企业和商业资本投入，探索市场化生态产品生产和服务供给；实施社会多元化投入，吸纳国际资金和能力。此外，还包括多元化科技服务体系及制度、高效的资源管理服务制度、市场和信息服务制度。

（撰写人：田阳。本研究报告原文刊载于《国家林业局管理干部学院学报》2015 年第 1 期，作者对原文进行了修改完善)

第三章

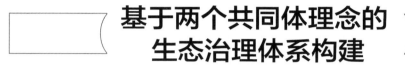

基于两个共同体理念的
生态治理体系构建

党的十九大是我国生态文明建设史上的重要里程碑。十九大立足中国特色社会主义新时代，明确提出"坚持人与自然和谐共生"是新时代中国特色社会主义思想的十四条基本方略之一，确定了美丽中国建设的具体目标，形成了习近平生态文明思想，成为新时代生态文明建设的根本指南。

随着生态文明建设进入关键期、攻坚期和窗口期，生态治理体系构建也进入改革深化期。我们要在习近平生态文明思想指引下，准确把握迈向新时代的生态文明建设所处的历史方位、深刻内涵和重点任务，扎实深化生态文明体系构建改革，以高效率的现代生态治理，推动形成人与自然和谐发展的现代化新格局。

一、习近平生态文明思想关于构建两个共同体的深刻内涵

习近平总书记在十九大报告中对新时代中国特色社会主义思想这一马克思主义中国化最新成果进行了系统阐述，对决胜全面建成小康社会，开启全面建设社会主义现代化国家新征程进行了全面部署，成为我党在新的历史时期建设中国特色社会主义的行动纲领。报告坚持系统思维，强化问题导向，深刻论述了新时代大力推进生态文明建设的伟大意义，为深入推进生态文明建设作出了全方位系统部署，提出了制度安排。报告特别强调，"人与自然是生命共同体""构建人类命运共同体"提升了生态文明建设的站位，深化了对生态文明建设规律的认识。

1. 关于落实"人与自然生命共同体"理念

十九大立足"人与自然是生命共同体"的理念，明确"坚持人与自然和谐共生"是新时代中国特色社会主义思想的基本方略，提出社会主义生态文明观，极大地丰富了我党生态文明思想的时代新内涵，是中国共产党关于生态文明建设规律性认识的最新成果。报告强调，建设生态文明是中华民族永续发展的千年大计，并将人与自然和谐共生作为现代化的重要特征和主要目标

提出。这与习近平总书记反复强调的树立和践行"绿水青山就是金山银山的理念"等重要理念一脉相承，也是中国共产党发展观、执政观与生态文明自然观内在统一的生动体现。

面对新要求，必须要强化优质生态产品供给，通过形成节约资源和保护环境的空间格局、产业结构、生产方式、生活方式，还自然以宁静、和谐、美丽。这迫切要求全社会进一步转变观念，真正将生态文明理念内化于心、外化为行，强化人民群众的绿色行动自觉，构建推动绿色发展的社会规范，真正落实到创建节约型机关、绿色家庭、绿色学校、绿色社区和绿色出行等具体行动上来，形成绿色发展的强大合力。在此过程中，我们需要发挥教育的基础性先导性作用，做好生态文明教育课程设计、教程编写，推动生态文明教育覆盖大中小学全学程，在学生心中种下绿色种子，厚植绿色发展新理念。

2. 关于"构建人类命运共同体"理念

立足"构建人类命运共同体"的高度，着眼全球生态安全大局，提出携手建设清洁美丽的世界，彰显负责任大国的生态责任。在全球可持续发展出现变化的新情况下，我国以积极、务实的行动始终坚持正确引导应对气候变化的国际合作，成为全球生态文明建设的重要参与者、贡献者、引领者。

面向未来，我国一方面要扎实搞好自身的生态文明建设，继续为全球生态治理贡献中国方案、中国模式，以我国生态环境质量改善为世界可持续发展作出贡献；另一方面要强化生态文明建设的国际合作，有效应对气候变化、海洋污染、生物保护等全球性环境问题，真正实现联合国2030年可持续发展目标，推动全球绿色事业不断向前，共同建设美丽地球家园。

3. 关于美丽中国建设和生态文明体制改革

十九大系统提出新时代生态文明建设的目标定位和改革建设举措。报告从2020年到21世纪中叶的两个阶段战略安排出发，提出了生态文明建设的新愿景，即2035年"加快生态环境根本好转，美丽中国目标基本实现"，2050年"建成富强民主文明和谐美丽的社会主义现代化强国"。

报告在第九部分提出了"推进绿色发展""着力解决突出环境问题""加大生态系统保护力度""改革生态环境监管体制"四个方面的系统性新举措，明确了生态文明体制改革的主攻方向，为美丽中国建设指明了战略重点，有力地拓展了生态文明建设事业的深度和广度。

我们要立足新要求，从发展方式转型的视角审视生态文明建设，从体制、政策、管理、技术的变革着手，打好污染防治和生态文明体制改革等一系列攻坚战，系统综合施策，着力推动生态文明事业创新发展。

二、构建大生态治理体系，形成人与自然和谐发展现代化新格局的思考

党的十九大之后，党中央围绕完善生态文明管理体制机制推出了一系列具有革命性、根本性的改革举措，标志着我国生态文明治理体系现代化迈入新阶段：一是将生态文明建设写入宪法；二是党和国家机构改革的决定中明确将生态环境保护作为政府基本职能加以强化，是党对生态文明建设重大工作集中统一领导体制机制的建立健全；三是 2018 年国务院机构改革方案确立成立"两部一局"的新治理格局，是改革的落地落实。

1. 机构改革对生态治理体系的重构

十三届全国人大一次会议表决通过关于国务院机构改革方案的决定。此次国务院机构改革方案，新组建自然资源部、生态环境部、国家林业和草原局，将自然资源和生态环境管理体制改革引入新阶段。本次自然资源和生态环境管理体制改革破除了大部制"行业管理"的传统模式，向系统协同治理的"功能管理"机制转变，凸显改革思路的创新，是推进国家治理体系和治理能力现代化的具体体现。"两部一局"的体制形成了"两驾马车"共同牵引的新格局，是生态环保治理体系的强化、优化和重构，更是实行"三个统一"的根本性制度设计（即统一行使全民所有自然资源资产所有者职责，统一行使所有国土空间用途管制和生态保护修复职责，统一行使监管城乡各类污染排放和行政执法职责）。

以新成立的自然资源部为例，该部门整合了主体功能区规划和城乡规划职能，将水资源、草资源和森林资源集中统一管理，打破现存按资源门类分散管理的条块分割弊端，统一行使全民所有自然资源资产所有者职责，统一行使所有国土空间用途管制和生态保护修复职责，着力解决自然资源所有者不到位、空间规划重叠等问题，实现山水林田湖草整体保护、系统修复、综合治理，符合自然资源稀缺性、整体性、公共性、多功能的特点，体现了公共产品属性的服务应当集中管理，专业性质的管理应当由专业部门管理的国际惯例。接下来，应进一步推动从顶层到基层的权力配置和职能优化，实现生态治理体系优化协同的完善和治理能力高效提升的双促进。

组建生态环境部，将整合分散的生态环境保护职责，统一行使生态和城乡各类污染排放监管与行政执法职责，加强环境污染治理，保障国家生态安全，建设美丽中国。具体而言，将原环境保护部的职责。国家发展和改革委员会应对气候变化和减排的职责。国土资源部监督防止地下水污染的职责，水利部编制水功能区划、排污口设置管理、流域水环境保护的职责，农业部监督指导农业面源污染

治理的职责，国家海洋局海洋环境保护的职责，国务院南水北调工程建设委员会南水北调工程项目区环境保护的职责等加以整合，归属于生态环境部。同时，赋予了生态环境部制定并组织实施生态环境政策、规划和标准，统一负责生态环境监测和执法工作，监督管理污染防治、核与辐射安全，组织开展中央环境保护督察等职能。

组建国家林业和草原局，有助于加大生态系统保护力度，统筹森林、草原、湿地监督管理，加快建立以国家公园为主体的自然保护地体系，保障国家生态安全。具体而言，将原国家林业局的职责，农业部的草原监督管理职责，以及国土资源部、住房和城乡建设部、水利部、农业部、国家海洋局等部门的自然保护区、风景名胜区、自然遗产、地质公园等管理职责整合，组建国家林业和草原局，由自然资源部管理。国家林业和草原局加挂国家公园管理局牌子。这些职能调整有利于生态红线发挥重要作用、实行生态补偿制度，有利于促进国家公园管理体制高效运转，从而实现各类自然保护地真正意义上的严格保护、系统保护和整体保护。

2. 强化生态治理的科教支撑

生态文明建设，需要依靠制度建设，提高全社会的治理体系和治理能力现代化水平。随着全面推行河长制，建立国家公园体制、绿色金融体系、生态环境损害赔偿制度等一项项重要改革举措正在落地生根，新的生态文明体制机制建立完善稳步推进。

落实生态系统治理理念，深化国家自然资源和生态环境管理体制改革，是构建新时代生态文明建设新格局的核心任务。接下来，要聚焦改革核心目标、关键领域，明确主要任务，在完善生态立法、规范生态执法、严格生态司法、完善公众参与制度等方面，形成重大突破；在建立系统完整的生态文明制度体系和完善的经济社会发展考核评价体系等方面，形成重大突破。

自然资源和生态环境领域高校和科研机构要立足治理体系的新变革，强化人才培养和科技支撑的供给侧改革。与自然资源管理和生态环境保护迫切需要多学科、集成式、综合性支撑需求相比，学科结构单一、交叉融合不足、成果质量不高，人才培养模式陈旧、适应性不强、与需求脱节等，成为制约生态治理能力提升的另一突出短板。因此，必须突出需求导向，积极拓展林学、生态学、环境学等学科的内涵，构建与新的生态治理体系相匹配的学科体系，探索学科专业改造升级路径，提升学科的人才培养能力、科学研究水平、社会服务质量，培养高素质的自然资源管理和生态环境保护人才，支撑引领生态治理现代化和美丽中国建设。在这些方面，亟待加强新时代自然资源和生态环境领域学科的内涵、特征、规律和发展趋势研究，进行招生培养就业联动的人才培养模式改革。

（撰写人：田阳。本研究报告部分内容刊登于《管理观察》2017 年第 32 期）

第四章

可持续发展视野下的绿色大学建设

教育是提升人类文明进步的重要力量和传播文明的有效途径。从历史发展的纵向维度和世界范围的横向比较来看，都凸显教育对于生态文明发展所具有的引领示范作用。全球可持续发展的纲领性文件《21 世纪议程》强调"教育是推进可持续发展的关键"，并把教育作为"人类最好的希望和寻求达到可持续发展最有效的途径"。绿色大学概念源于大学的可持续发展教育，是一个动态的、与时俱进的概念。国内外较为认可的绿色大学主要内涵包括大学绿色教育体系、绿色科学研发、绿色环保实践、绿色校园建设及可持续管理等在内的综合性定义。

自 20 世纪 80 年代开始，我国高校积极对接全球可持续发展战略，从不同维度开始绿色大学建设的实践探索。进入 21 世纪，加强生态文明建设、推动我国经济社会可持续发展，受到党和国家的高度重视。党的十七大报告首次提出"生态文明"的概念，十八大明确"大力推进生态文明建设、走向社会主义生态文明新时代"的奋斗目标，十九大赋予"建设生态文明是中华民族永续发展的千年大计"的更高定位，并提出"实行最严格的生态环境保护制度，形成绿色发展方式和生活方式，坚定走生产发展、生活富裕、生态良好的文明发展道路，建设美丽中国，为人民创造良好生产生活环境，为全球生态安全作出贡献。"

大学作为人才培养、科技创新的主要阵地，作为社会服务、文化引领和国际合作的重要力量，必须立足国际可持续发展、国内生态文明建设两个大局，立足特色优势，发挥示范带头作用，建设绿色大学，努力造就具有可持续发展理念的高素质人才，弘扬生态文明理念、传播生态文化，参与绿色发展国际合作，为生态文明建设和可持续发展提供全方位的支撑，积极为建设美丽中国、共建绿色清洁美丽世界作出更大的贡献。

一、我国绿色大学建设实践探索总结

我国高校一直以来对培养大学生生态环保素养较为重视，绿色教育的实践一直在广泛开展。进入 21 世纪，在政府的积极引导下，先后提出了建设绿色大学、可持续发展校园等具体思路，将绿色大学建设实践引向深入。

1. 政府部门的政策引导力度不断强化

21世纪以来，国家环境保护部、教育部、国家林业局、中国共青团中央等部门积极倡导推进绿色大学、绿色校园和国家生态文明教育基地等创建活动，不断加大支持力度。

2008年教育部专门组织"985工程"重点建设高校首次就建设可持续发展校园开展专题研讨，32所"985工程"重点建设高校发布了建设可持续发展校园宣言，形成八点共识，倡议在大学的校园里将可持续发展的理念与科学研究紧密结合，贯穿于人才培养的全过程，渗透到校园建设管理的每一个领域。2009年，全国绿化委员会、教育部、国家林业局联合启动"弘扬生态文明，共建绿色校园活动"号召各级各类学校引导师生参与生态文明建设，进一步做好校园绿化，努力营造良好的教书育人环境，加速实现绿化祖国的目标。环境保护部和教育部还于2012年组织草拟在普通高校中开展绿色大学创建工作的意见等政策文件。2015年以来，教育部学校规划建设发展中心发起组建中国绿色校园设计联盟，编制《绿色校园评价指南》，探索开展绿色校园评价工作，发布《创建中国绿色学校倡议书》，推广绿色校园建设的新思想、新理念、新方向。

2. 大学生生态环保实践广泛开展

全国人大于1981年颁布了《关于开展全民义务植树运动的决议》，号召全国人民广泛开展义务植树活动。大学生积极参与在校内外开展的丰富多彩的生态环保实践，成为传播绿色文化的生力军。1984年首都第一个义务植树日，北京林业大学的学生率先走向首都街头开展绿色咨询，号召广大市民参加义务植树、绿化家园，至今该咨询活动已连续举办22年，成为首都高校大学生和广大市民积极参与的绿色活动品牌。与此同时，全国各大高校的学生还充分利用每年保护母亲河日、植树日、环境日、荒漠化防治日等主题日，发挥自身优势，深入到街道、公园、社区，通过开通绿色咨询热线，开辟绿色讲堂，组织绿色文化广场等活动，广泛宣讲植绿护绿知识。各高校在完善校内学生环保社团建设的基础上，还积极整合力量成立了跨校的生态环保社团联盟，例如，北京高校先后成立了首都大学生环保志愿者协会、中国生态环保志愿者之家，推动高校环保社团由个体走向联合。

各高校的学生不断探索生态环保活动运作方式，坚持从身边的事做起，在校内坚持进行"拒绝使一次性木筷""学生公寓垃圾分类回收"等活动，充分发挥了大学生在倡导绿色节约方面的示范作用。同时，大学生还积极深入黄河源头、长江三峡、可可西里、新疆戈壁滩等地区，广泛开展生态科考等实践活动，撰写生态环保调研报告万余篇，为再造秀美山川奉献了青春和智慧。这些生态环保实践活动产生了良好的社会效应。近年来，高校学生环保社团屡屡获得地球奖、全国保护母亲河奖、中国青年丰田环境保护奖等生态环保类奖励。

　　紧抓绿色奥运、社会主义新农村建设、美丽中国、乡村振兴等有力机遇，大学生绿色环保实践持续推进。在绿色奥运创建方面，各高校的广大学生积极行动起来，通过举办大学生绿色论坛，积极开展奥运志愿者绿色环保培训，圆满完成了奥运志愿者服务工作，为绿色奥运作出了突出贡献。在服务社会主义新农村建设方面，各高校学生社团以大学生"村官"计划为载体，广泛与基层农村开展结对共建，推进生态文明村建设工作，为社会主义新农村建设贡献力量。

3. 绿色大学建设实践方兴未艾

　　自 1990 年以来，清华大学、北京大学等一批高校制订实施了绿色大学建设计划。1998 年，清华大学制订了包括教育、科技、产业、校园设施等在内的《建设"绿色大学"规划纲要》，率先提出建设绿色大学的设想，并于 2001 年被国家环保局正式命名为"绿色大学"。随后哈尔滨工业大学、中国矿业大学、北京航空航天大学等一批院校群起响应，提出了在高层次的"绿色人才"培养、高水平的"绿色科技"研究以及高质量的"绿色校园"建设等方面加以实施，绿色大学建设的实践蓬勃开展。

　　进入 21 世纪，各高校进一步完善建设可持续发展校园的具体思路。2009 年，北京大学专门组建了"校园规划与可持续发展办公室"，开展可持续的绿色校园规划建设工作，提出科学、合理地使用学校空间，保证教学和科研的可持续发展；传承北大悠久的历史文脉、重视文物古迹及其历史环境的保护工作；建设可持续绿色低碳校园，重视节能减排、节约用水，保护生态物种多样性，创建安全舒适环保的校园环境等创新思路。

4. 生态文明研究不断深入

　　我国高校积极整合校内外学科和专家资源，共同研究和探讨生态文明建设的理论和实践问题。2007 年 12 月，北京大学、北京林业大学相继在国内高校中较早地成立了专门的生态文明研究中心，汇聚政府部门、高校、专家等力量共同研究生态文明，取得一系列重要理论成果。其中，2008 年 3 月北京大学生态文明研究中心与中国生态道德教育促进会共同发布了《中国城市居民生态需求调查报告》。北京林业大学生态文明研究中心编纂《中华大典·林业大典》，召开非物质文化国际研讨会，并在此基础上组建了国家林业局生态文明研究中心。国内其他高校也通过不同的形式强化对生态文明实践和理论的研究，相继出版《绿色校园建设读本》《中国生态文明教育理论与实践》《我国可持续发展战略框架下绿色大学进展的实证研究》《可持续发展视野中的大学——绿色大学的理论与探索》等一批专著。

涉及绿色大学研究的学术研讨交流平台日渐增多。2000年以来，举办三届全国性绿色大学研讨会。2008年，32所"985"工程高校召开建设可持续发展校园研讨会，发布可持续发展校园宣言。2011年以来，"生态文明贵阳国际论坛"等大型论坛都设置了与绿色大学相关的主题分论坛。2019年，中国高等教育学会成立生态文明教育分会，更多的教育类、生态文明类学术组织搭建起绿色大学合作的多层平台。

尽管如此，国内绿色大学建设尚处于不平衡发展时期，亟须从理论构建、管理体系、建设模式等方面加大研究和实践力度，促进绿色大学建设的持续发展。

二、可持续发展视野下的绿色大学建设思考

绿色大学建设是一项系统工程。大学的教育工作者应站在更高的高度上，系统总结实践经验，用系统的思维探索绿色大学建设的新思路，坚持"十年树木"与"百年树人"的高度统一、硬件建设与软环境营造的相互协调、传承学校文化传统与创新绿色环保理念的有机结合等原则，真正将绿色大学建设的理念和措施落到实处，培育更多具有可持续发展理念的高素质人才，为生态文明建设提供有力支撑。

1. 建设可持续发展的绿色生态校园，夯实绿色大学建设的基础

大学绿色校园建设的根本目的是为学生创造更加宜人的学习生活环境，使他们在这里的学习更加舒适、愉快，从而达到环境育人的目的。因此，要按照科学发展观以人为本的要求，立足各校的实际，依托现有的自然环境和条件，从系统的校园环境改造和绿化规划方案入手，合理调整校园功能分区和布局，加强绿色校园建设的植物配置和景观营造，科学进行经营管理，提升校园绿化美化水平，达到人与自然、建筑与自然的和谐交融，创造优美的学习、工作和生活环境。要将节约理念和节能环保技术应用于学校基本建设，进一步完善校园基础设施，因地制宜地集成先进实用的节能、节水、节地和节材等环保技术，建设节约型校园。

与此同时，要把绿色软环境营造作为重要内容，纳入大学文化建设规划。大学应该紧密结合本校的特色，构建多姿多彩的校园绿色文化体系，注重发挥绿色校园文化在学生人格塑造和知识结构完善中的作用，真正发挥大学文化对于培养人才的环境熏陶作用。

2. 贴近大学生实际，培育大学生的可持续发展理念和生态文明素养

大学是传授知识的殿堂，如何在全球变化的大背景下，贴近大学生的实际，培养他们的可持续发展理念，对于培育祖国未来建设者至关重要。我们要以绿色

校园建设为契机，站在可持续发展的高度，进一步转变教育教学思想，根据当代大学生的思想观念、价值取向和行为方式的特点，从知识传授、价值观形成、行为实践三个层面上，促进绿色教育。

在知识传授方面，要坚持"寓教于绿"，切实将生态文明的理念引入大学生素质教育的相关课程之中，进行较为系统的设计，促进自然科学与人文科学的整合，进一步完善培养可持续发展理念所需的知识结构。

在价值观形成方面，要教会学生学会思考，思考人与自然和谐发展；教会学生学会欣赏，欣赏自然，探索自然规律，在提升科学素养的同时，引导学生树立可持续发展理念和价值观。

在行为实践方面，要结合绿色校园建设，针对大学生的实际特点，发动大学生积极参与到绿色校园建设的行列中来；要进一步整合已有的活动基础，开展"光盘行动"等生动活泼的绿色环保活动，引导大学生爱绿护绿、勤俭节约、低碳环保的绿色行为习惯，进一步转变生活和消费方式，影响并带动身边更多的人践行绿色理念、改变生活方式。以绿色校园建设辐射带动"绿色社区""绿色企业""绿色城市"的建设；推动学生志愿者的生态环保实践活动进社区、进工厂，让学生节省身边一滴水、一张纸、一度电，力争做到教育一名学生，影响一个家庭，受益一方社区。

3. 发挥大学的示范带动作用，促进全社会生态文明建设

大学是培养德智体美全面发展的社会主义建设者和接班人的主要阵地。主动回应生态文明建设和经济社会发展转型需求，是大学践行四个服务的必然要求。绿色大学建设要立足发挥以人才培养为核心的多重功能，创新人才培养模式，开展绿色科技创新，多维度提供绿色社会服务，开辟绿色服务新领域，持续发力，做生态文明建设的先行者和助推器。

除了大力培养绿色发展需要的高素质人才以外，要坚持以需求为导向，驱动特色优势学科主动服务国家绿色发展，不断优化学科布局，整合资源推进学科创新，打造高水平学科群。要加大校内外学科资源协同力度，形成区域绿色发展的合力。要按照开放合作的理念，将绿色大学建设举措覆盖创新人才培养、管理机制创新、科技产业发展等各个方面，服务国家、行业和区域发展，为生态文明建设提供高素质人才，高质量科研成果和高水平科教服务。

4. 坚持开放合作，积极参与绿色大学的国际合作

我国的大学要主动融入国际合作框架，加强大学生态文明教育的国际合作交流。近年来，众多国际组织积极推动绿色可持续学校教育实践。联合国教科文组织领导下的"可持续发展教育十年计划"、联合国大学系统、联合国"学术影响力"计划、"全球契约"计划，联合国支持的"责任管理教育准则"计划和联合国环境规划署的"环境教育和培训"项目，已经成为世界范围内学校生态文明教育合作的重要平台。如全世界 321 所大学签署加入的塔罗里可持续教育发展宣言，我国高校参与的数量不断增加。再如"联合国可持续发展大会高等教育机构可持续发展实践行动宣言"。已有美国、英国、日本等 30 多个国家近百所高等学校参与签署了宣言，我国大学有待深度参与。这提醒我们要以更加开放包容的视野，充分借鉴国际上学校可持续发展教育的先进经验，推动其实践的本地化，促进绿色大学的均衡化发展。

（撰写人：田阳。本研究报告部分内容被《大学生生态文明教程》采用）

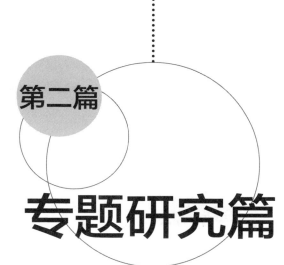

第二篇

专题研究篇

　　《中国教育现代化2035》提出，要坚持中国特色，充分发挥我国制度优势、立足国情、面向世界，扎根中国、融通中外，走中国特色社会主义教育现代化道路。林科高等教育是我国高等教育体系中的重要组成部分，需要对接《中国教育现代化2035》的总体部署，在主动争取行业支持、加强特色优势学科建设、深化综合改革、提升人才培养能力等方面下工夫，以新时代的林科教育现代化助推林业草原事业现代化。

　　本篇从特色学科建设与人才培养能力提升、林科教育综合改革述评、区域林业人才和教育培训现状分析、林科大学生林情实践调研分析等专题开展了有针对性的研究，提出了推进林科教合作、发展新林科等若干重要政策建议，部分研究成果已被国家林业局（现国家林业和草原局）制定的"十三五"教育培训和人才规划采用，两份报告的部分内容已入选中国高等教育学会《高等教育改革发展专题观察报告》。

第五章

建强涉林涉草学科，
提升人才培养能力

一、"双一流"背景下的涉林涉草学科建设分析

党的十八大以来，伴随着全国林业草原高等教育的整体快速发展，涉林涉草学科进入质量提升、内涵发展的新阶段。根据统计，全国共有 175 个涉林一级学科博士学位点和硕士学位点。继完成"211"工程和国家优势学科创新平台建设以后，涉林涉草高校在第四轮学科评估的表现有了长足的进步，在林学、风景园林、林业工程等涉林学科排名中表现不俗。林学一级学科排名中，北京林业大学、南京林业大学获得 A+，西北农林科技大学获得 A-。风景园林学一级学科排名中，北京林业大学获得 A+、南京林业大学获得 A-。林业工程一级学科排名中，东北林业大学、南京林业大学获得 A+。此后，涉林涉草高校的多个学科入选"双一流"建设计划，为涉林涉草学科的特色发展提供了难得机遇。

1. 涉林涉草学科建设总体情况及其分析

根据教育部公布的"双一流"建设名单，共有 9 所农林高校上榜，其中，西北农林科技大学为一流大学建设高校（B 类），北京林业大学、东北林业大学、南京林业大学是一流学科建设高校，入选一流学科的数量为分别为 1~2 个。草学、风景园林、林学、林业工程、农林经济管理等传统涉林涉草学科领域入选高校名单见表 5-1。

表 5-1　林草"双一流"学科入选高校名单

序号	学科名称	建设高校
1	草学	中国农业大学、兰州大学
2	风景园林学	清华大学、北京林业大学、东南大学、同济大学
3	林学	北京林业大学、东北林业大学
4	林业工程	东北林业大学、南京林业大学
5	农林经济管理	中国人民大学、浙江大学、华中农业大学

本研究系统梳理了各校公开发布的"双一流"建设计划实施方案，并选取部分典型案例进行了分析。

(1)更加强调以一流学科建设为龙头，构建特色学科群

各校都在强化"双一流"学科的牵引作用、凝聚效益，围绕核心学科，构建多层次拓展的"雁阵式"学科群结构。例如，兰州大学提出要建设以草学为主的草地农业学科群，具体建设思路按照"基础和应用基础研究、前沿核心技术、产业化技术"三位一体的理念，围绕"美丽中国"及"一带一路"倡议、"粮改饲"、退化草原治理、农牧区精准扶贫与生态文明建设等重大需求，以提升国家草业科技支撑与自主创新能力为目标，紧盯国际草学学科前沿，大力开展食物安全与生态安全保障、草原保护和牧区扶贫脱贫等战略研究，建立我国草原牧区绩效治理和农牧企业经营管理的理论、方法体系，构建具有国际水平、中国特色的草地农业学科群，为建设"美丽中国"贡献智慧。

(2)更加注重学科建设对人才培养的支撑引领

各校的"双一流"建设方案都将坚持"立德树人"作为根本要求、将提高人才培养能力放到重要位置进行谋划。其中，北京林业大学制定了学科支撑下的人才培养建设方案，强调以服务国家林业发展与生态建设为目标，以立德树人为核心，采取多元化本科人才培养、领军型研究生人才培养等手段，着力培养具有国家使命感、国际担当和竞争力的杰出人才，将林学专业、水土保持与荒漠化防治专业打造成国际知名精品特色专业。南京林业大学将升级传统工科专业与林业工程一流学科建设结合起来，推动林工结合、林管结合、林艺结合、林文结合，以满足细胞工厂、智能家居、轻工造纸等产业向价值链高端发展对工程人才的新需求。

(3)更加注重学科体制机制的创新和实践

东北林业大学强调要以"双一流"建设为契机，深化科研体制机制改革。该校提出，要以林木遗传育种国家重点实验室改革为突破口，建立9个首席科学家团队，以林业行业发展科技需求为导向，以改革为动力，研究确定具有国际前沿性、战略性的科研方向。布局林下经济研究与产业发展协同创新，建立全产业链的研究合作模式；构建大的生态学体系，形成跨学科的领域组合；布局支持仿生、人工智能、生物分子合成、生物材料、城市智能交通、大数据等绿色新兴战略领域的研究。强化人文社会科学研究，并促进人文社会科学与自然科学交叉发展。

(4)更加注重依托创新平台促进学科交叉融合

西北农林科技大学依托国家林业和草原局黄土高原草原恢复与利用工程技术研究中心，成立了草业与草原学院。该校还建立西部发展研究院、旱区生物质能

研究中心等一系列多学科交叉融合的创新平台，有力地支撑了该校的一流学科建设。北京林业大学主动服务首都生态建设，获准建设林木分子设计育种高精尖创新中心，该中心入选北京市高精尖创新中心，每年获得资助经费1亿元，滚动支持5年。北京林业大学促成2名外籍科学院院士、6名海外知名专家签约入校开展工作。林学和风景园林学两个学科入选北京市"双一流"共建项目。

（5）更加注重构建世界标准与中国特色统筹兼顾的学科评价体系

2018年，北京林业大学组织风景园林、风景园林硕士专业学位国际评估。欧洲、北美洲和亚洲的9名国际知名院校、行业协会负责人、设计大师共同组成了国际评估委员会，听取了该校风景园林专业学位评估报告，参观了风景园林学科教育教学成果展，对风景园林教学环境和设施、产教融合平台进行考察，观摩专业基础课程、专业核心课程、专业实习课程、研究生课程、留学生课程在内的五大类近20门有代表性的课程教学。评估委员会重点考察办学目标、办学背景、办学思想、师资队伍、人才培养、教学体系、学术研究、社会服务、国际合作与交流、研究经费支持等内容。据悉，这是中国风景园林教育史上的首次国际评估，具有里程碑意义。该校通过"以评促建"的方式，进一步巩固世界一流学科行列地位，提升学科的国际化程度和国际化视野，使学科建设水平再上新台阶。

2. 国家和林业草原局对涉林涉草学科建设的政策推动

国家林业和草原局高度重视林草教育工作，把林草教育作为兴林（草）之要，强林（草）之基，纳入林草工作全局，统筹安排，大力推进。近年来的主要政策推动包括以下几个方面：

（1）制定总体规划，强化行业指导

2015年以来，制定实施了《全国林业人才发展"十三五"规划》《全国林业教育培训"十三五"规划》，深入推进人才兴林（草）、科教兴林（草）战略。其中，《全国林业教育培训"十三五"规划》明确提出，要通过涉林高校和科研院所学科实力提升计划、高端林业师资团队培养计划、教材和精品课程建设计划、林科大学生基层就业引导计划等，推进林业高等教育质量提升工程，推动3~5个一级学科达到或接近世界一流水平，建设一批林科教协同育人示范实践基地和林科大学生创新创业实践基地。规划提出，要科学统筹优秀人才引进和现有师资培养的关系，瞄准学科前沿，主动延揽战略科学家、学科领军人物和青年拔尖人才，培养和使用好中青年教学科研骨干，提升师资团队的能力水平；大力促进涉林院校教学精品课程和教材等优质教育资源的共享，探索林业基层场站大学生定向培养机制，健全林科毕业生服务基层的政策保障体系，引导和鼓励林科专业毕业生到基层林业单位工作。

（2）推进院校共建，形成支持合力

国家林业和草原局通过项目支持、平台建设等多种渠道，加强院校共建工作。重点组织开展了局重点学科遴选、教学名师遴选、林业创新创业大赛、职业技能大赛、重点专业建设、十佳林科毕业生评选等系列活动。同时，在教育部的支持下，加强了对林业学科建设、学位教育的指导和协调，促进林业人才培养与现实需求有效衔接。其中，2018 年组织首批全国林业教学名师赴福建开展集体林改调研活动、赴北京开展协同育人主题实践活动。

（3）搭建交流沟通平台，凝聚院校合力

国家林业和草原局充分发挥中国林业教育学会、中国林学会等学术组织的作用，发起了包括全国林业院校校长论坛、中国林业学术大会等在内的教育、科研交流平台。其中，全国林业院校校长论坛自 2016 年创办以来，先后围绕"产教融合""新时代、新林科"等主题进行深入研讨，建立起各校轮值举办的长效发展机制，体现共建共享、互学互鉴的理念，受到广泛好评。2017 年，国家林业局人事司、国家林业局人才开发交流中心、中国林业教育学会和中国林业产业联合会四家单位，共同发起成立全国林业就业创业工作联盟，坚持创新、协作、发展、共赢的原则，以提升林业行业就业创业能力，实现林业行业更高质量和更充分就业为目标，促进政产学研用一体化，破解林科毕业生就业难和基层林业部门招人难的"两难"困境，引导和鼓励林科毕业生积极投身林业现代化建设，到林业基层一线就业。目前，已经有近 70 家联盟成员单位，其中省级林业主管部门 20 余家，林业院校 30 余所，有关企事业单位和社团 20 余家。2018 年，国家林业和草原局还支持中国农业大学联合北京林业大学、东北林业大学等 17 所农林高校发起成立"双一流"农科联盟，共同探索具有中国特色、农科特色的一流大学与一流学科建设内涵、模式与路径，加强开放共享与协同创新。

二、涉林涉草高水平人才培养体系建设的实践探索

2018 年 5 月 2 日，习近平总书记在北京大学师生座谈会上指出，高校要把"形成高水平人才培养体系"作为基础性工作切实抓好。一直以来，涉林涉草高校坚持以本科教育为基础，积极推进高等农林教育综合改革，实施卓越农林人才教育培养计划，41 项涉林涉草教育改革项目入选国家计划。各农林院校已建成了多个国家级教学示范中心和人才培养示范基地，开发了一批国家级精品课程、精品教材，产生了一批国家级教学团队、教学名师和教学成果。各校通过多维度的改革实践，着力构建多样化的人才培养模式，取得了显著成效。

1. 涉林涉草专业人才培养模式的实践探索分析

涉林涉草专业的高校基于国家对林业和草业人才的需求实际和自身办学实

力，依据办学定位与人才培养目标，充分发挥各自优势与特色，优化人才培养方案，积极探索涉林涉草专业人才培养模式创新。

(1)探索专业类群按类分层培养新模式

北京林业大学把握专业类群特点，合理定位培养目标，夯实通识教育平台，打破专业课程壁垒，在总结按类分层培养模式经验的基础上，扩大按类分层培养模式试点范围，不断完善本科人才培养模式，在林学类、生物科学类、林业工程类、计算机类、工商管理类、管理科学与工程类等7个专业类中实施"大类招生，按类分层培养"，涵盖26个本科专业及方向。全方位推进信息技术与教育教学深度融合，优选出受众面广的公共课、基础课和专业核心课，重塑课程体系，改革教学内容，不断推进以MOOCs、精品视频公开课、精品资源共享课等为代表的在线开放课程，共有"园林艺术"等7门课程获批国家级精品视频公开课。

(2)协同推进专业综合改革

东北林业大学实施国家教育体制改革试点项目，依托"林学类人才培养模式改革"项目，推进培养体制、办学体制、管理体制、保障机制等方面的系统改革，发挥资源优势，组建一流的教师团队，建设野外综合实验室，开展信息化特色实践教学资源建设；推进卓越工程师培养教育计划，推进木材科学与工程、土木工程专业探索应用型人才培养模式改革，采取"3+1"校企合作的人才培养模式，推进校企(行业、部门)联合培养人才，与企业共同制定人才培养方案、设计课程及实践环节等，使企业深度参与人才培养过程；实施卓越农林人才教育培养计划，动物医学、动物科学、食品科学与工程、森林工程、林产化工5个专业入选黑龙江省卓越农业人才教育培养计划项目，并建设3个国家级农科教合作人才培养基地，为林科专业的实践教学提供了有力支撑；推动专业综合改革试点项目建设，自动化、车辆工程、计算机科学与技术、法学4个专业进行综合改革试点建设，以校企联合为平台，以培养"强实践、善管理、能创新"的未来优秀工程师为目标，以课程体系改革为中心，重点培养和提高学生的工程意识、工程素质和工程实践能力，探索工程专业教育人才培养模式的新模式。

(3)开展培养方案"加减乘除"优化调整

南京林业大学以分类培养绿色发展的探索引领者、积极推动者、自觉实践者为目标，构建了"以绿色发展基因培植"为核心的人才培养体系，对现行培养方案进行"加减乘除"优化调整，包括特色课程的"加法"效应，在课程结构上有针对性地增加生态环境类通识课程；缩减课程的"减负"效应，适度压缩理论课内学时；优化环境的"乘法"效应，探索"虚拟实验班"拔尖人才培养新模式，实现由"圈养"向"散养"模式转变；突破陈规的"除法"效应，破除陈旧的管理理念和制度，推动学生特色发展。

实施"加、减、乘、除"四轮驱动，实现人才特色发展。

➕ 加强优质资源投入，增加学生自主选择权
农、理、工科类专业要求至少修4个学分人文社科类课程及2个学分的艺术类课程。工、管科类专业必须修读2个学分的林科、生态环境类课程。开设新生研讨课，提高专业认同，培养专业兴趣。

➖ 凝练核心课程，把控基本要求
以林学专业为例，2014新版人才培养方案做出了适度减少课内总学时量(由2388降到2300学时)，课内总学分由137减至129.5，提高选修课比例(23.02%增至26.2%)。

✖ 营造绿色发展基因的遗传和培育环境，发挥环境育人倍增效应
倡导多课程联合实践，提高综合能力和实践效益。开展课程与专业培养目标关联分析，加强课程大纲论证，优化课程衔接。

➗ 破除陈旧的管理观念制度，去除学生特色发展桎梏

（4）推进培养模式国际化

中南林业科技大学国际学院人才培养采用"3+1"或"4+0"的培养模式。"3+1"模式的学生第四年出国后，成绩合格即可同时获得国外大学的学位证以及本校该专业的毕业证和学位证；"4+0"模式的学生则四年均在国内就读，并获得相关学历学位证书。班戈学院主要采用"4+0"培养模式，学生注册中英双重学籍并可实现"国内留学"，学生也可以选择"3+1"培养模式。无论学生选择哪一种培养模式，其学习内容和教学要求均须达到双方协议规定的要求，达到国际化标准。例如，班戈学院在教材、课程、进度、考核、监控方面实现了与班戈大学的"五个一致"，并实行12~15人小班制教学，中英双方学生互访游学。

（5）探索富有区域特点的新型农林人才模式

浙江农林大学以"学科融合"和"产业集群"为手段，构建"内有学科链、外有产业链"的专业结构体系，确立专业主干支撑学科和产业服务面向，促进专业基于全产业链的集群、协同发展和复合交叉培养(图5-1)。西南林业大学构建多形式林业教育课程体系，贯彻"教为不教，学为创造"的教学理念，坚持"厚基础、宽口径、强能力、高素质"的改革思路，加强学生创新精神和实践能力培养，主动适应经济和社会发展对人才培养的需求，突出创新精神和创业能力培养，形成了以重实践、创新、素质教育为特色的课程体系。学校加强就业质量研究，构建林业院校就业质量评价指标体系，把毕业生主观愿望、用人单位满意度、学校、政府综合指标、特色指标作为就业质量评价的二级指标的四级指标体系，把林科类毕业生在林业行业就业比例作为就业质量评价的特色指标，充分体现了学科和行业特点，培养人才适应行业和地方经济发展的需求。

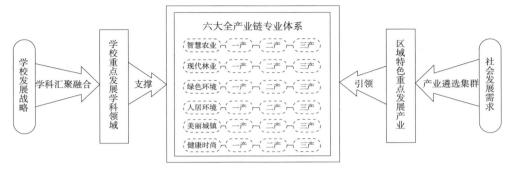

图 5-1　"内有学科链、外有产业链"的专业结构体系

（6）大力推进创新创业教育与专业教育深度融合

浙江农林大学坚持"培养具有生态文明意识、创新精神和创业能力的高素质人才"这一人才培养总目标，将创新创业教育融入人才培养全过程。在 2016 年人才培养方案修订时，在通识必修课、通识选修课、个性发展课、课外教育中均实现了创新创业教育的分层分类全覆盖，学生须在各类创新创业实践活动中获得 6 个创新创业学分，并允许休学创业。

（7）构建林学个性化人才培养模式

甘肃农业大学围绕本科人才培养总体目标，按照"低年级实行通识教育和学科基础教育提升学生素养，高年级实行有特色的专业教育提升学生的动手实践能力、创新创业能力"的课程设置思路，将所有课程归并为通识教育、专业教育和个性化发展教育三大平台，按专业方向设置若干个专业课程模块，供学生自主选择进行学习，实现个性化分类培养。一年级学生进入通识教育平台，二、三年级进入专业教育平台，三、四年级进入个性化发展的素质与能力拓展教育平台。构建校企"3+1"培养模式。积极探索校-校、校-企联合培养本科生的方式、范围和管理体系，建立校际（校企、校地）资源共享、教师（人员）互聘、学分互认的有效途径和管理体系，建立了校企"3+1"人才培养模式，即 3 年在校学习，1 年在企业开展生产实习、毕业实习和毕业设计。目前，甘肃农业大学与甘肃大禹节水股份有限公司合作开办了农业水利工程专业"大禹班"，与酒泉奥凯种子机械股份有限公司合作开办了农业机械化及其自动化专业"奥凯班"，与山东潍坊雷沃阿波斯集团、四川成都奥凯川龙农产品干燥设备制造有限公司、川龙拖拉机制造有限公司签署校企合作协议，开展人才联合培养。

（8）推动草业科学人才培养模式创新

内蒙古农业大学组建"草原英才（拔尖创新型草学人才）"班。采用"一三五"的培养模式，即一个发展目标，三个培养阶段，五个拔尖领域。具体而言，一个发展目标指拔尖创新人才培养的目标是培养面向本专业高端研究人才方向发展，未来成为本专业科学研究的领军人才或知名学者或草产业及相关产业和行业的高级人才。

三个培养阶段包括：通识培养阶段，主要在 1~4 学期，按照教育部的要求配置相关课程，重点是夯实基础；专业培养阶段，主要在 1~6 学期，按照专业基础课和专业课的知识连接关系配置相关课程，重点是提高能力；拔尖培养阶段，贯穿于整个培养过程，主要在 6~8 学期，根据不同发展路径和拔尖领域，配置相关选修课程。重点是强化实践能力、拓宽专业视野，通过加大科研实践、顶岗实习、定点实习等方式，提高综合素质、业务水平和社会工作能力，培养具有拔尖创新综合素质和专业技能的创新型人才。五个拔尖领域指在完成通识教育核心课程和专业核心课程的同时，从草地生态与草牧场经营管理、草类育种与种业科学、牧草生产与加工利用、城乡绿化与植被恢复和药用植物资源与利用 5 个领域配置选修课。学生在导师指导下，根据个人发展规划，选择拔尖培养领域，完成相应领域的选修课和实验实习。此外，学生入学后实行全程导师制，每位导师每年最多指导 2 名学生，在导师指导下学生根据个人兴趣爱好和发展目标制订个性化的培养方案，并在导师全程指导下完成学业。新疆农业大学有 3 个专业进入第一批卓越农林人才教育培养计划项目，其中草业科学专业为拔尖创新类项目。草业科学专业进入生命科学类"图志实验班"，定位与培养拔尖创新人才。学校专列 20 万元培养经费，教务处与农学院协作，负责开班的准备工作，制订"图志试验班"建设方案，制订人才培养计划，选拔学生，建设固定教室，最终建成 20 人的"图志实验班"。开班后，教务部门经常与农学院沟通交流，协调解决班级运行中遇到的问题，协力推进班级建设和人才培养。华南农业大学采用生产实践式教学法，克服了过去"黑板种田"教学方法的弊端。例如，"高尔夫球场管理"的授课方法是根据草坪管理的技术环节安排教学时间，将草坪管理分为修剪、施肥、灌溉、中耕管理、病虫害防治等环节，在每个学习环节，教师将学生带到真实草坪上现场直接讲授。

从这些人才培养模式可以看出，各高校既能继承本校人才培养的优良历史传统，又能结合国家社会对人才需求的实际以及本校的办学特色和地域特色开展人才培养模式创新，这有助于为我国林业和草业的发展培养特色人才。

【典型案例】北京林业大学：校地合作搭建政产学研用"鄢陵模式"

近年来，北京林业大学站在服务国家生态文明建设和现代林业发展的高度，以办学理念的创新性变革为契机，以提升人才培养质量为核心，立足林业特色，积极向生态、环保等领域拓展，在多层次、多领域开展了"政产学研用"协同推进的办学实践，将产教融合、协同育人的理念贯穿于教育教学改革实践全过程，对深化教学改革，培养具有创新精神和实践能力的高素质人才起到了积极推动作用。其中，"鄢陵模式"就是校地合作、产教融合、协同育人的一个缩影。

鄢陵地处河南省中部，是南花北移、北木南迁的天然驯化地，花木种植历史悠久，目前该县花木种植面积超过 4 万公顷，被誉为"中国花木第一县"。学校在合作定位上，把鄢陵作为学校服务社会、服务行业和区域经济发展的重要阵地，作为实践办学模式创新的实验田，作为提升学校学科建设、人才培养、科研创新水平的重点基地。

北京林业大学在推进政产学研用协同合作的过程中，全面了解和掌握政府、行业、企业的发展动态和用人需求，明晰了人才培养目标与国家、行业以及经济发展需求之间存在的差距，准确把握服务对象，构建新的人才培养模式，为人才培养方案的修订和完善提供了有力依据，加强了学校育人与用人需求的融合；教师通过协同合作，扩大视野，拓展知识领域，及时了解和掌握行业前沿，将生产一线最新成果融入课堂教学，及时反映所在领域的新理论、新知识和新热点，突出教学内容与社会实际相结合，体现教学内容的先进性和实用性；本科生完成与生产实践相结合的选题，提高毕业论文(设计)质量，使学生的理论知识和生产实践相结合，缩短了学生所学专业与就业岗位需求的差距，真正锻炼和培养了学生的创新精神和实践技能；搭建合作平台，增强了学生与校外互动联系，为学生提供了更多的创业就业机会(图5-2)。

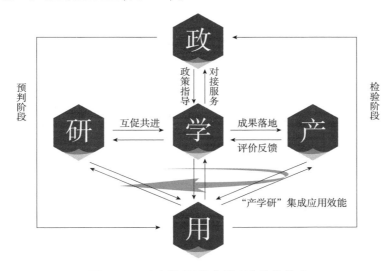

图5-2　"政产学研用"办学理念结构关系

北京林业大学在深化"鄢陵模式"协同创新、协同育人的实践中，实现了合作理念的更新，改变了传统松散的"单打独斗"式一对一合作模式，发展到构建适应学校整体发展的"双循环双转化"系统集成式合作共建机制阶段(图5-3)。

"双循环"指科技创新成果推广应用模式，在校内形成科研与教学之间相互支撑的循环，在学校与社会之间形成人才培养、科技成果与行业、产业和区域经济社会资源之间的共赢循环；"双转化"即将学校优势的教学资源、科研成果转化为服务社会需求的生产力，将在社会服务中发现和解决的问题以及第一个转化的部分产出，转化为人才培养和科学研究的新目标、新动力和新资源。

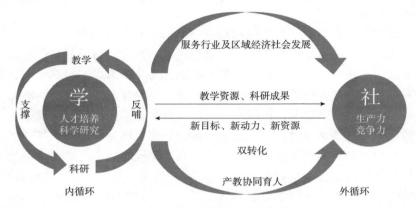

图 5-3　"双循环双转化"运行机制示意图

2. 涉林涉草专业认证评估分析

开展专业认证评估是评价、监督、保障和提高教学质量的重要举措，是我国高等教育质量保障体系的重要组成部分。为把涉林涉草专业做强做大，东北林业大学等农林高校陆续开展了相关专业的认证与评估工作，总结他们的做法，主要有以下几个方面的特点：

（1）构建五位一体专业认证评估工作模式

东北林业大学是农林高校中开展专业认证评估工作最早、涉及专业最广、通过评估认证专业最多的高校。该校以打造品牌专业为基点，从开展专业认证工作的本质要求出发，率先在全国高校中构建了"理念+平台+规划+培训+制度"的工作模式，即以 OBE 工程教育理念为先导，开展专业认证工作，并将"学生中心、成果导向、持续改进"理念贯穿于人才培养全过程；以平台搭建为组织形式，成立职能部门统筹开展专业认证，并将教务、人事、财务等部门组成专业认证协同工作体系；以认证规划为顶层设计，将专业认证纳入学校年度重点工作和"十三五"发展规划，按照"整体规划、分类指导、分步实施、重点突破"的工作思路加以落实；以系统培训为重点工作，组织各类人员参加四个层次（教育部、学校、学院和专业）培训，让 OBE 理念深入人心；以制度建设为根本保障，出台并严格执行专业认证的各项规章制度，建立了论证制度、预评估制度和督查整改制度，严抓制度的执行过程与实际效果。

中南林业科技大学也确立了"五位一体"的本科教学评估制度，积极发挥评估的引导和督促功能，完善专业发展良性竞争机制，积极开展专业认证及评估工作，推动专业建设。2017 年，学校的城市地下空间工程、酒店管理、风景园林、粮食工程 4 个新设本科专业通过了湖南省教育厅组织的普通高等学校专业办学水平和新增学士学位授权学科专业评估；食品科学与工程、土木工程专业通过了中国工程教育专业认证协会组织的工程专业认证。

西南林业大学对学校 68 个专业开展了专业评估工作，构建了评估指标体系，一级指标包括招生情况、教学现状及就业情况三项，评估模型满分为 300 分，对评估结果进行量化，并建立三级预警机制。根据评估结果，形成了较为科学的专业评估报告，评估报告显示，全校共有 9 个普通专业，3 个新专业进入预警范畴。

浙江农林大学组织 25 位校内外专家分 8 个小组对全校 53 个专业进行了评估，专家组在审阅专业自评报告的基础上，听取了各专业汇报，查阅了试卷、毕业论文等教学材料，深入课堂听课、观课，对部分校领导、职能部门和学院负责人、学科负责人、专业负责人、教师、教学管理人员、学生管理人员和学生进行了座谈。通过专业评估，找准专业存在的问题和不足，加强专业内涵建设，提升专业建设水平。

福建农林大学积极推动相关专业认证。制药工程专业通过了中国工程教育专业认证协会认证；制药工程、环境工程 2 个专业通过了台湾中华工程教育学会（IEET）认证；食品科学与工程、材料科学与工程、机械设计制造及其自动化 3 个专业接受了第二批 IEET 认证；海外学院生态学中外合作专业与中国教育国际交流协会签订了认证协议书，率先启动了中外合作办学质量认证。

西北农林科技大学自主研发了专业评估系统，从专业设置、培养模式、师资队伍、教学资源、培养过程、教学质量保障、学生发展和专业特色 8 个方面开展了校内本科专业评估。2017 年充分运用专业评估结果，指导专业合理规划，丰富专业建设内涵，为进一步推动专业建设和发展奠定良好基础。该校食品科学与工程专业也是国内农业院校中第一个进行食品科学与工程专业工程教育认证的专业。

（2）结合农林高校实际，大力普及 OBE 工程教育理念

将 OBE 理念贯穿于工程教育认证标准的始终，用成果导向教育理念引导工程教育改革，成为我国高等教育深化改革的必然选择。东北林业大学采取了多种形式，宣传、普及 OBE 理念，提高学校内部专业建设的认证意识、质量意识和品牌意识。

（3）优化专业认证组织形式

东北林业大学专门设立了教研中心，全面负责专业认证工作，对外代表学校向教育部/中国工程教育认证协会秘书处（常设机构驻教育部高等教育教学评估中心）、住房和城乡建设部递交专业认证申请，对内协调各职能部门和教学单位，

指导专业认证工作，实现了专业认证工作的"进口"与"出口"统一管理。同时，协同教务、人事、财务、设备、招生、资产、图书资料、实验室及设备等部门组成专业认证协同工作体系，确保了评建工作的优势力量投入。

（4）立足专业建设方向，实现分类指导

东北林业大学将专业认证工作纳入了学校教育事业发展规划和年度行政重点工作，制定了"整体规划、分类指导、分步实施、重点突破"的工作思路，组织工科类、土木类专业优先申请专业认证，形成优势专业群。对于传统优势林科类专业，主动参加教育部专业认证（第三级），以便建设具有中国特色、国际一流的本科专业。目前还不具备认证条件的学院，要对其龙头专业、骨干专业进行培育，力争突破制约瓶颈，实现工科学院都有专业通过认证的局面。

（5）不断完善专业认证长效机制

东北林业大学重视制度建设，出台了《本科教学专业认证管理办法》。通过加强组织领导，成立了专业认证工作领导小组，充分调动各职能部门的参与性和创造性，理顺关系，畅通渠道，优化资源，为开展专业认证工作提供了坚强的组织保障。同时，丰富内部质量保障内涵建设，制定了基于课程学习效果的评价标准，实施了形成性考核，开展基于网络平台全数据的在校生和毕业生问卷调查、院部教学工作状态评估、连续发布本科教学质量报告，形成了以问题为导向的质量持续改进的 PDCA 循环模式。

3. 引导涉林涉草人才面向国家生态建设主战场就业分析

生态文明建设离不开各行各业的广泛参与，高校作为人类知识的积聚地，在生态文明建设中发挥着不可替代的作用。尤其是农林院校，应肩负依靠自身的人才和科技优势，在生态文明建设中起到引领和示范作用的重要使命。近年来，农林院校为满足国家生态文明建设对人才的需要，通过各种措施引导涉林涉草人才面向国家生态建设主战场。

（1）落实"一把手工程"

北京林业大学深化全员就业创业工作格局，该校党委高度重视，责任层层传递，在全校形成一把手亲自抓，主管领导专门抓，招生就业处具体抓，职能部门协同抓，各学院主体抓的全员工作格局。南京林业大学明确目标任务，将就业工作纳入学校发展规划、年度党政工作要点，成立了校院两级毕业生就业工作领导小组，确保人员、经费、设施"三到位"，努力实现"全员参与、全程指导、全程服务"的就业工作新格局。西北农林科技大学坚持就业工作"一把手工程"，成立校院两级毕业生就业工作领导小组，切实加强就业工作的系统设计和统筹安排，形成"领导重视、院系为主、中心统筹、部门协调"齐抓共管的工作机制。浙江农林大学由校院两级就业工作领导小组部署和考核毕业生就业工作，确保机构、经费、人员、场地"四到位"，不断完善"全员化参与、全方位服务和全程式推进"的"三全"就业服务体系。中南林业科技大学充分发挥校院两级就业工作领导小组的作用，建立了"学校主管，学院主抓，学生主动，全员动员"的就业工作机制。中国农业大学党委高度重视毕业生就业工作，专题研究解决具体问题，统筹多方力量，确保机构、人员、经费和场地"四个确保位"。就业创业指导中心牵头，各相关职能部门协调配合，学院具体负责，共同研究就业工作，开展就业指导服务，形成了齐抓共管的领导体制和工作格局。

（2）服务国家发展战略

东北林业大学围绕重点区域覆盖和校内专业覆盖两个核心目标，结合学生专业和地方经济的特点，依托人才服务机构、校友、涉林高校就业创业联盟，科学指导就业市场开拓。一方面，立足东北老工业基地人才需求服务，进一步拓展泛渤海湾区域经济体，将辽东半岛、山东半岛、京津冀地区作为主要的专业人才输出地区。另一方面，深耕长三角、力拓江浙，从而拉动内陆腹地人才供给需求，着力打造长三角区域企业联动平台。同时，着重开拓以芜湖为代表的二级高发达区域和以重庆为代表的内陆老牌发达经济区。将深圳作为服务两广地区人才输出战略的重要支撑点，服务好"城市群"地区人才需求的新特点。西北农林科技大学紧扣国家经济社会发展需要，结合"一带一路"建设、京津冀协同发展、长江经济带等国家战略，积极拓展现代农业、互联网大数据服务业、金融服务业等重点领域。中南林业科技大学围绕国家"一带一路""长江经济带""京津冀协同发展"等重大发展战略，主动向重点地区输送毕业生。同时，结合"中国制造2025"和"互联网+"行动计划的实施，引导毕业生到先进制造业、信息技术等领域就业。浙江农林大学鼓励学生服务国家发展战略，积极开拓就业岗位，面向社会，主动对接人才需求，向重点地区、重大工程、重大项目、重要领域输送毕业生；抓住实施"中国制造2025""互联网+"行动计划等契机，引导毕业生到先进制造业、现代服务业和现代农业等领域就业创业。

（3）引导毕业生到基层就业创业

北京林业大学不断完善基层就业配套措施，紧密结合社会主义核心价值观教育，将就业引导贯穿人才培养的全过程，推动就业引导融入课堂、融入网络、融入实习实践，引导毕业生到基层就业创业，唱响到基层建功立业的主旋律；制定《关于2017届毕业生面向基层就业和自主创业的奖励办法》等文件，引导毕业生到西部、到基层就业创业；营造到基层就业氛围。该校通过开展基层就业服务周活动、北京市大学生村官宣讲活动、基层就业与自主创业报告会、基层就业毕业生访谈、优秀基层就业毕业生评选等活动，为广大学生营造扎根基层、服务基层的就业氛围；抓好基层就业项目实施，重点做好"选调生""大学生志愿服务西部计划""三支一扶"等各类基层项目工作。2017 年，在北京地区大学生村官（选调生）选拔工作中，北京林业大学共有 26 名同学成功入选，位居首都高校前列；在西藏、新疆专项招录工作中，北京林业大学共有 14 名毕业生充实到西藏、新疆的基层干部队伍当中。西北农林科技大学以制度建设激发毕业生"三农"情怀，对参加国家和地方服务基层项目以及到西部基层工作的毕业生，授予"志愿服务边疆建设优秀毕业生"称号并适度奖励，建立鼓励毕业生到基层就业的长效机制。成立基层就业部，由专人负责，实现政策宣传引导、信息精准发布、能力素养培训、应聘指导对接、发展跟踪服务等各环节工作的专门化和专业化，为毕业生到基层就业提供完善的服务保障机制；利用厅校就业合作机制，举办"陕西省基层就业论坛"，促进毕业生到基层到、西部就业。浙江农林大学加强宣传，通过开展咨询会、校友报告会等活动，宣传"教师特岗计划""大学生村官""三支一扶""两项计划"等中央和地方基层服务项目，鼓励毕业生到城乡社区从事教育文化、医疗卫生、健康养老等工作，引导毕业生到中西部地区、东北地区和艰苦边远地区就业创业。中国农业大学通过职业生涯规划课，宣传相关国家政策，培养学生基层服务意识；定期举办"基层职业发展论坛"，2017 年共邀请了 11 位在国内各地工作的优秀校友回到母校，分享基层工作故事和经验；开展了 16 场"当代中国基层公共部门人才政策概览"系列讲座，邀请地方部门工作人员为该校学生解读基层人才政策；发挥基层职业发展研究会等学生社团的力量，搭建基层就业学生交流和活动的平台；开通"CAU 选调生"微信公众号，在学校新闻网上开辟"选调回声"专栏，及时推送基层就业信息，宣传优秀毕业生典型事迹。

（4）鼓励毕业生到中小微企业就业

浙江农林大学鼓励毕业生到中小微企业就业，广泛收集中小微企业的招聘信息，组织中小微企业进校园招聘，办好中小微企业校园招聘及网上招聘活动。引导毕业生正确认识自我与社会，合理确定自己的职业发展规划，立足浙江经济社会发展实际，立足自身就业能力与市场竞争力，着眼长远职业发展，积极到中小微企业就业。

（5）健全毕业生就业工作各项管理制度

南京林业大学修订和完善了毕业生就业工作目标管理考核体系以及《南京林业大学毕业生就业创业工作意见》等文件。西北农林科技大学出台了《促进大学生就业创业工作的实施方案》《引导和鼓励毕业生面向基层和西部就业创业的意见》等文件。中南林业科技大学严格落实目标责任制度、就业市场调研制度、动态监控制度、就业质量分析制度、专项考评制度。西南林业大学出台了一系列管理规定，先后制定了《关于加强大学生就业工作的实施意见》《就业工作目标责任考核体系》《推进创新创业教育实施意见》《创新创业学院建设方案》等一系列规章制度，落实创新创业工作机构、场所、人员、经费"四个确保"，强化就业创业目标责任考核。

从总体上看，为引导涉林涉草人才面向国家生态建设主战场就业，各农林高校都落实了党政主要负责人主抓就业工作，积极引导毕业生服务国家发展战略和到基层就业创业，并以制度建设为基础，建立了促进毕业生服务国家生态文明建设的长效机制。

三、涉林涉草学科建设特色发展的前景展望

学科建设的使命任务总是随着时代发展和历史要求而变化。党的十九大报告提出要"加快一流大学和一流学科建设，实现高等教育内涵式发展"。教育部明确要求加强新工科建设，推进医学教育、农林教育、文科教育创新发展，为涉林涉草学科建设特色发展提供了广阔空间。涉林涉草高校需要聚焦新时代，呼应新任务和新要求，进一步发挥学科特色，构建涵盖森林、草原、湿地、荒漠、陆生野生动植物资源开发利用和保护、生态保护和修复、造林绿化、国家公园和自然保护地管理的学科体系，立足优质生态产品供给、实施乡村振兴战略和推进精准扶贫等生态文明建设、现代林业草原事业发展的新需求，以产教融合为契机，推进林业草原人才培养供给侧改革，促进涉林涉草人才培养能力的提升。

1. 生态文明视野下的涉林涉草学科建设和人才培养展望

学科是人才培养、科学研究的基础框架和根本依托。当前，高等教育进入提高质量的升级期、变轨超越的机遇期、改革深化的攻坚期，随着林业和草原工作职能的拓展，涉林涉草学科专业建设发展迎来了历史性的机遇交汇期。同时，根据国务院学位办颁布的《学位授予和人才培养学科目录设置与管理办法》，一级学科每十年调整一次，上一次调整是2011年，即将进入新一轮调整周期。需要找准学科建设与林业草原中心工作的契合点，凝心聚力，加强新林科、草学发展的战略研究和顶层设计，提出构建学科体系的科学方案，坚持巩固提升、交叉融合、新建发展并举的总体思路，优化总体布局，统筹学科专业一体发展，促进本科教育与高职教育有效衔接，不断提升涉林涉草学科专业的发展水平。

一方面，新时期的林业和草原工作面临前所未有的深刻变革，涉及战略谋划、立法及政策制定、科技创新、工程项目、产业发展、改革推进、国际合作、信息管理、灾害防控、监测评估等方面，是新理念、新模式、新技术、新机制不断产生和实践的过程。林业和草原工作各个重点领域对高层次人才的需求旺盛，但是日益增长的高层次人才需求与涉林涉草领域学科发展不平衡不充分之间的矛盾十分突出，这种矛盾主要体现在学科层次、布局发展不尽合理，学科结构与需

求不完全匹配，整体质量还不够高等方面。这是谋划学科建设的出发点。例如，如何落实山水林田湖草综合治理的理念，推进中央赋予国家林业和草原局的推进国家公园试点、加强自然保护地管理等新任务，都是林业教育发展的全新领域，没有现成经验可借鉴复制。这就需要各校主动围绕需求，加强调查研究，推进教育创新，从扩容量、调结构、提质量等方面入手，加大学科建设力度，主动培养适应性人才，解决科学技术的支撑问题。

另一方面，涉林涉草学科的建设要紧跟世界学术前沿，适应新一轮科技革命的发展，在国际体系中去谋划发展，做大、做强核心骨干学科专业，开拓新兴学术领域，促进学科交叉融合，推动学科整体水平提高。根据 2018 年亚太地区林业教育协调机制第五次发布的报告——*Analysis of Higher Forest Education in the A-sia-Pacific Region*，亚太地区林业院校的学科类型与结构等发生深刻变化：林业、林学、生物多样性保护、木材科学、园林景观等学科继续占据主流格局，公园和游憩、林业和环境经济、混农林业、林业资源管理、环境研究等成为新兴领域。发达国家涉林涉草学科的内涵更加综合，如林学学科涵盖我国目前的林学、林业工程、农林经济管理等学科，学科口径更加宽泛，课程知识体系跨度大，涉及生物、物理、社会、政策、经济等领域；十分注重在线网络课程开发与应用。对此，必须主动适应传统森林资源管理向自然资源管理拓展的变革要求，主动引领世界林科发展趋势。

同时，还必须坚持底线思维，准确研判涉林涉草学科建设的不足。与其他门类学科相比，涉林涉草学科基础仍然比较薄弱，设置不尽合理，发展相对滞后，且基础学科不强、相关学科支撑不力，学科高精尖人才缺乏，结构不合理，国家级创新平台偏少，导致学科科技创新和成果转化难以更好地服务于经济社会发展。我们要正视问题，把握新需求，巩固林业、草原及自然生态保护修复人才供给的主阵地，开拓学术新领域，勇于担当建设涉林涉草学科体系的历史责任。要聚焦生态文明建设和现代林业发展对资源和生态环境的重大需求、维护国家生态安全需要、乡村振兴战略，推进"四个回归"，树立涉林涉草人才培养质量卓越观，用现代生物技术、信息技术、工程技术等现代科学技术改造升级传统涉林涉草本科专业，建设高水平涉林涉草本科和研究生人才培养体系。

2. 关于新时代涉林涉草学科建设的政策建议

（1）拓展丰富涉林涉草学科的时代内涵，明确学科创新发展的推进路径

构建与国家生态文明建设需求或国家对林业、草原功能新定位相适应的学科、专业结构与功能体系，是解决新时代涉林涉草人才培养和专业学科建设与国家需求不相适应突出问题的必由之路。新时代的涉林涉草学科建设涉及人才培养理念更新、教育模式创新、专业与学科体系结构优化等诸多内容，推进路径包括

"根蘖式"自我拓展、"嫁接式"转型升级、"植被修复式"自然恢复与人工促进、"新造混交林式"一级学科之间或学科门类的交叉融合。

在新时代建设涉林涉草学科，要立足中国国情，遵循现代学科交叉融合的内在规律，借鉴国际学科发展经验，统筹把握山水林田湖草生命共同体综合治理新理念，坚持学科、专业一体化建设，着力培养堪当新时代生态保护建设重任的高素质建设者。要坚持巩固提升、交叉融合、新建发展并举，深化"卓越农林人才教育培养计划2.0版"，推动一流学科建设，增加涉林涉草一级学科数量，将更多的关联学科纳入涉林涉草学科建设范畴，构建与国家生态文明建设需求、林业草原新功能定位相适应的学科专业结构功能体系，促进多学科门类交叉融合发展。

要运用新技术、新理念改造提升传统特色涉林涉草学科专业，增强专业对接产业行业需求的适应能力。突破学科专业壁垒，推动多层次学科交叉融合，大力推进支撑国家公园建设、自然保护地管理、草原保护、林下经济开发、服务乡村振兴等的相关学科与专业建设，发展森林康养、乡村景观与生态、山水林田湖草区域生态学等新方向，补齐林业学科专业发展不平衡不充分的短板。落实林草结合要求，协同推进草学学科的布局建设。

（2）坚持实践创新和系统研究并行，夯实新时代涉林涉草学科建设的基础

注重实践创新是学科建设的根本动力。涉林涉草教育单位要自觉行动起来，立足办学定位和优势特色，结合区域自然生态保护修复需求，建设一批适应林业和草原保护需要的林科新课程、新教材、新专业，建设一批有效支撑集体林区改革、林草融合保护体系构建和国家公园体制试点的综合实践基地，丰富林科人才培养供给类型和结构，加快建设林业和草原科技创新中心和人才高地。

系统研究是学科建设的基础支撑。充分发挥中国林业教育学会、各类涉林涉草学科建设专家组织的组织咨询作用，凝聚高校力量，遵循学科专业建设规律，借鉴"新工科"建设的有效做法，推进新时代新林科草学的内涵特征、发展路径选择、结构功能体系、人才培养模式创新、评价体系等方面的深入研究。

（3）争取各方支持，强化政策协同

学科建设具有长期性、公益性等鲜明特点，迫切需要教育部、自然资源部、国家林业和草原局等部门加强政策协同，在优化学科专业结构、改革人才培养机制、强化创新实践、加强师资队伍建设等方面给予更多扶持，促进学科建设与国家需求有效衔接、有效服务。要按照产教融合、林科教结合的原则，广泛汇聚包括行业主管部门、产业界等在内的创新资源，建立林业高校与其他高校、科研院所的协同合作机制。

（撰写人：田阳、安勇。本研究报告由田阳负责统稿，系中国高等教育学会《高等教育改革发展专题观察报告》2018年度立项课题研究成果）

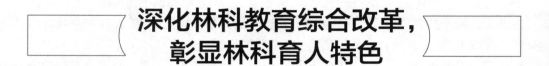

第六章
深化林科教育综合改革，彰显林科育人特色

一、高等林业教育基本概况

高等林业教育是我国高等教育的重要组成部分。截至 2015 年，全国开展林科研究生教育的学校和科研院所 157 个，全国开展高等林科教育的普通高校共有 242 所。全国高校开设的农林类专业有 27 种，专业布点 824 个，全国涉林学科分布在 43 个林业规划与设计学科建设单位(包括普通高等院校及科研单位)，涉及林学、林业工程、风景园林学、生物学、生态学、农业资源与环境、农林经济管理 7 个一级学科。2011—2015 年，涉林高校、科研院所共培养林业中职学生 33 万余人、高职学生 13.9 万余人、本科生 19 万余人、研究生 3.7 万余人。2015 年，全国涉林学科共招收研究生 8092 人，其中林学学科招收博士、硕士生 4326 人(博士生 557 人，硕士生 3769 人)。涉林学科在校研究生 25 005 人，其中林学学科在校博士、硕士生 15 653 人(博士生 3780 人，硕士生 11 873 人)。

2013 年 11 月，《教育部　农业部　国家林业局关于推进高等农林教育综合改革的若干意见》颁布，此后召开的全国高等农林教育改革工作会议明确提出，加快推进高等农林教育综合改革，振兴发展高等农林教育，为生态文明、农业现代化和社会主义新农村建设提供坚实的人才支撑和智力保障。意见的颁布和会议的召开，标志着高等农林教育综合改革的启动。各涉林高校坚持以支撑创新驱动发展战略、服务经济社会发展和生态文明建设为导向，以内涵建设、特色发展为目标，巩固本科教育的基础地位，强化涉林专业学位教育创新，加强涉林特色学科建设，深化综合改革，推动教育创新，取得了显著成效。

二、涉林本科教育创新和卓越农林人才教育培养计划实践

2014 年，经过教育部、农业部、国家林业局共同组织专家审核，确定了第一批卓越农林人才教育培养计划项目 140 项，其中拔尖创新型农林人才培养模式

改革试点项目 43 项，复合应用型农林人才培养模式改革试点项目 70 项，实用技能型农林人才培养模式改革试点项目 27 项，涉及 99 所高校（表 6-1）。

各涉林高校依托卓越农林人才教育培养计划改革试点项目，多层次、多角度地进行人才培养模式、创新创业教育、本科教学与信息技术融合等方面的改革实践，提升涉林本科人才培养水平。

专栏一：涉林高校推进卓越农林人才培养计划情况

表 6-1 第一批卓越农林人才教育培养计划改革试点项目名单

人才培养模式改革试点项目类型	学校名称	涉及专业
拔尖创新型	中国人民大学	农林经济管理
	北京林业大学	园林、林学、水土保持与荒漠化防治、森林保护、园艺
	东北农业大学	食品科学与工程、动物科学、动物医学、农林经济管理
	东北林业大学	林学、野生动物与自然保护区管理、林产化工
	南京林业大学	林学、园林、森林保护
	南京农业大学	农学、植物保护、农业资源与环境、农林经济管理
	浙江农林大学	林学、森林保护、木材科学与工程
	福建农林大学	农学、植物保护、园艺、林学
	河南农业大学	农学、生物工程、农业建筑环境与能源工程、园林
	华中农业大学	农林经济管理、园艺、动物科学、农学
	华南农业大学	农学、植物保护、园艺、林学
	四川农业大学	农学、动物科学、动物医学、林学
	西北农林科技大学	植物保护、农林经济管理、动物科学、林学
复合应用型	中国人民大学	农村区域发展
	中国农业大学	动物医学、农业水利工程、农林经济管理、葡萄与葡萄酒工程、园艺
	北京农学院	园艺、动物医学、农林经济管理、食品科学与工程
	北京林业大学	林业工程类、农林经济管理、野生动物与自然保护区管理、食品科学与工程、草业科学
	天津农学院	农学、水产养殖学、园艺、动物医学
	天津商业大学	食品科学与工程
	河北科技师范学院	园艺、园林
	河北农业大学	林学、森林保护、农学、农林经济管理

（续）

人才培养模式改革 试点项目类型	学校名称	涉及专业
复合应用型	山西农业大学	园艺、林学、农业资源与环境、农业机械化及其自动化
	内蒙古农业大学	农学、林学、农业机械化及其自动化、农业水利工程
	吉林大学	植物保护、动物科学、食品科学与工程、农林经济管理
	吉林农业大学	农业资源与环境、农学、园艺、农林经济管理
	北华大学	林学、园林
	黑龙江八一农垦大学	农学、植物保护、园艺、农业资源与环境
	东北农业大学	农学、园艺、农业水利工程、农业机械化及其自动化
	东北林业大学	森林保护、园林、森林工程、农林经济管理
	上海交通大学	园林、动物科学
	上海海洋大学	海洋渔业科学与技术、农林经济管理
	南京林业大学	林产化工、木材科学与工程、森林工程
	南京农业大学	动物科学、动物医学、园艺、食品科学与工程
	扬州大学	农学、园艺、植物保护、农村区域发展
	浙江大学	园艺、植保、食品科学与工程、动物医学
	浙江农林大学	园艺、农学、植物保护、食品科学与工程
	浙江工商大学	食品科学与工程、食品质量与安全
	安徽农业大学	农学、园艺学、农业机械化及其自动化、农林经济管理
	安徽科技学院	动物科学、农学、农业资源与环境
	集美大学	水产养殖学、食品科学与工程、海洋渔业科学与技术、动物科学
	福建农林大学	动物医学、园林、木材科学与工程、蜂学
	江西农业大学	林学、林产化工、园林
	南昌大学	水产养殖学
	山东农业大学	农业资源与环境、林学、农业机械化及其自动化、农林经济管理
	青岛农业大学	植物保护
	聊城大学	园林
	华北水利水电大学	农业水利工程
	河南工业大学	食品科学与工程
	河南科技大学	农业机械化及其自动化、农业电气化、农学、动物医学
	河南农业大学	林学、动物科学、农业机械化及其自动化、园艺

（续）

人才培养模式改革 试点项目类型	学校名称	涉及专业
复合应用型	河南师范大学	水产养殖学
	长江大学	水产养殖学、动物医学、食品科学与工程、园林
	华中农业大学	园林、农业资源与环境、水产养殖学、植物保护
	湖北民族学院	林学、园艺
	武汉轻工大学	动物科学、水产养殖学、动物药学
	吉首大学	园林
	湖南农业大学	动物科学、动物医学、动物药学、水产养殖学
	中南林业科技大学	木材科学与工程、林学、生态学、食品科学与工程
	华南农业大学	动物科学、动物医学、食品科学与工程、农林经济管理
	广东海洋大学	动物科学、水产养殖学、食品科学与工程、园艺
	广西大学	农学、植物保护、林学、园林
	海南大学	动物科学、动物医学、水产养殖学
	西南大学	动物科学、动物医学、动物药学
	重庆师范大学	食品质量与安全
	重庆工商大学	食品科学与工程
	四川农业大学	农林经济管理、农业资源与环境、园艺、园林
	西南民族大学	动物科学、动物医学、食品科学与工程
	贵州大学	林学
	云南农业大学	动物科学、动物医学
	西南林业大学	林学、森林保护、园林、农林经济管理
	西藏大学	农学、林学
	西北农林科技大学	农学、设施农业科学与工程、农业机械化及其自动化、动物医学
	甘肃农业大学	动物医学
	西北民族大学	动物医学、动物科学、食品科学与工程
	青海大学	动物医学、草业科学
	宁夏大学	农学、园艺、植物保护、农林经济管理
	新疆农业大学	农业水利工程、动物科学
	塔里木大学	园艺
	石河子大学	农林经济管理、农学

（续）

人才培养模式改革 试点项目类型	学校名称	涉及专业
实用技能型	天津农学院	食品科学与工程
	河北北方学院	农学、种子科学与工程、园艺、植物保护
	沈阳工学院	园艺、农学、植物保护
	吉林农业科技学院	动物医学
	黑龙江八一农垦大学	农业机械化及其自动化、农业电气化、飞行技术
	淮阴工学院	食品科学与工程、农学、园艺
	浙江海洋学院	海洋渔业科学与技术
	湖州师范学院	水产养殖学
	安徽工程大学	食品科学与工程
	阜阳师范学院	园林
	黄山学院	林学、园林
	南昌工程学院	园林、农业水利工程
	宜春学院	动物科学
	潍坊科技学院	园艺
	河南科技学院	农学、园艺、植物保护、种子科学与工程
	湖北工程学院	农学、园艺
	仲恺农业工程学院	园林
	重庆文理学院	园林
	重庆三峡学院	食品科学与工程
	西昌学院	农学、动物医学
	西华师范大学	野生动物与自然保护区管理
	铜仁学院	农村区域发展
	普洱学院	园林
	西藏大学	动物科学、动物医学
	榆林学院	植物科学与技术、动物科学、园林
	安康学院	园林

1. 创新涉林本科人才培养模式

涉林高校按照国家高等农林教育综合改革的要求，发挥各自优势与特色，结合学校办学定位与人才培养目标，创新人才培养机制，优化人才培养方案，深化人才培养模式改革。北京林业大学大力推广"大类招生、按类分层培养"。2015年，在林学类、生物科学类、艺术类、林业工程类、计算机类、工商管理类、管理科学与工程类 7 个专业类中实施"大类招生、按类分层培养"，涵盖 26 个本科专业及方向；推行专业主干课程小班授课，鼓励教师开展研讨式教学、课题研究式教学、"翻转课堂"式教学等，落实"寓学于研"的核心理念。学校构建了"四系统、四层次、五模式"实践教学体系，建设了一批以国家级虚拟仿真实验教学中心(农林业经营管理虚拟仿真实验教学中心)、国家级实验教学示范中心(园林实验教学中心)、国家级大学生校外实践教学基地(鹫峰国家森林公园实践教育基地等 4 个)以及北京市实验教学示范中心和校外实践教育基地等为代表的优质实践教学资源。"四系统"是实践教学体系的基本框架，即按照"驱动—受动—调控—保障"联动关系建立了实践教学目标、内容、管理和保障系统。"四层次"是实践教学内容系统构建的基本要求，即按照基础素质实践、专业系统实践、社会实践、创新创业实践四个层次设计实践教学内容。"五模式"是适合不同专业培养目标的实践教学运行模式，即根据专业特点和社会需求，分类建立"校内实训及野外实践型""全程实习贯通及主体创新型""工程训练型""社会体验及创业实践型""科研创新型"五类富有特色的实践教学模式。东北林业大学构建"3+1"校企合作人才培养模式，推进校企(行业、部门)联合培养人才，与企业共同制定人才培养方案，设计课程及实践环节等，使企业深度参与人才培养过程，强化学生工程能力和创新能力的培养。建立大学生学科竞赛基金，积极推进大学生顶岗实习，加强校企联系，建立稳定的顶岗实习基地；进一步推动实验课统一排课制度，加强实验课监控，实现实验课管理现代化，保障实验课授课质量。南京林业大学充分利用多种经费，合理规划，加大本科教学实验室建设的投入力度，加强公共基础实验教学平台、学科专业基础实验教学平台和专业实验室建设。

2. 加强涉林特色优势专业的内涵建设

涉林高校主动适应国家生态文明建设、区域经济社会和林业现代化发展需要，推进涉林专业内涵式发展，着力办好一批涉林专业。截至 2015 年，北京林业大学设置本科专业 59 个(含专业方向)，涉及 12 个学科门类中的 8 个，林业与生态领域的主干或相关专业达 22 个，形成了以涉林专业为优势和特色、基本稳定的多门类协调发展的专业结构和布局。南京林业大学依托"江苏高校品牌专业建设工程"，持续完善江苏高校品牌专业建设、省级品牌专业培育、校级品牌专业建设"三级联动"建设机制。西南林业大学编制《西南林业大学 2016—2020 年专业建设定位规划报告》，提出在"十三五"末形成并巩固以林学和生物环境类学科为特色，林理融合、林工融合、林文融合、多学科协调发展的学科与专业格局。通过实践探索，各涉林高校的专业动态调整机制进一步完善，专业内涵建设得到强化，涉林优势特色专业集中度和林业人才培养适应度不断提高。

3. 构建彰显林科特色的本科创新创业教育体系

各涉林院校贯彻落实《国务院办公厅关于深化高等学校创新创业教育改革的实施意见》，结合林业行业特色，不断完善大学生创新创业教育体系，推动林科大学生创新创业教育制度化、常态化。多所林业高校修订本科专业人才培养方案，健全创新创业教育课程体系，促进包括通识课、专业课在内的各类课程与创新创业教育有机融合，挖掘和充实各类课程的创新创业教育资源。涉林高校新建了一批国家级、省部级实验教学示范中心，与行业、科研院所和企业联合重点建设人才培养基地，遴选建设了一批国家大学生校外实践教育基地。

北京林业大学开办创业班，针对个性化创业人才成长需求，依托学校教育条件、集聚校友资源，提出"创业教育、创业研究、创业孵化、创业投资"四位一体的创业人才培养体系。创业班以理论结合实际的课程培训为主体，以学校、企业"创业双导师制"及"创业服务联盟"为特色，综合帮扶有创业意愿的在校大学生解决企业创建、发展规划设计及实际经营问题，通过多种教学模式相结合的方式培养学生的创业意识、提升创业能力，塑造学生的企业家精神，为社会与企业输送有较强领导力和组织、协调、整合资源能力的创业人才。

西北农林科技大学成立创新实验学院和右任书院，建设"大学生创业基础""创业与人生规划"等创业基础课，其中，"就业创业指导课""创新创业实践课"80余门课纳入学分管理，规定必修创新创业与素质教育8学分。改革教学方法，修订课程质量标准、教学质量评价办法和教学奖励条例，建设创新创业教育尔雅通识课、慕课100多门，实现与专业教育的有机融合。实施"精英培养计划"和"青年农场主培养计划"，联合有关企业开设"精益创业"训练营。以"互联网+""挑战杯""创青春"等为重点，构建"国家—学校—学院"三级训练体系。聘请具有实践经验和国际视野的创业导师150余名，对实训项目进行全程指导。四年来学生依托实训项目发表论文420余篇，获国家级竞赛奖励近500项，获批专利210项。打破学科专业壁垒，开展"生物学""动物生产学""植物生产学""生物技术"等综合实习，提高学生实践创新能力。每年列支750万元专项经费，在国家大学科技园开辟创业孵化基地，建设5000平方米创客空间和创业孵化园。面向创业学生开放教学、科研、推广实验室、试验示范站（基地）资源。与山东省烟台市、陕西省中小企业局、陕西省创业促进会、杨凌示范区等共建创业孵化基地。对学生创业企业进行"一对一"指导，提供政策法律咨询、技术培训，协助做好专利申请、技术鉴定、成果交易、风险融资等服务工作。构建"种子资金+孵化资金+创业资金+风险投资"的扶持模式，助推优质创业项目孵化成长。

东北林业大学设立创新创业模块，纳入学分管理，累计104学时。开展科技沙龙、创新创业论坛、创业讲堂活动，举办各类创业培训班，累计培训学生 500 余人。建立"创业从兴趣开始"QQ 群，邀请创业指导教师、创业先进典型在线交流。支持大学生成立 KAB 俱乐部、学子创业联盟等创业类社团，开展创业沙龙、创业头脑风暴等创业实践活动。推进国家、校、院"三级"创新创业训练体系建设，让学生在科研项目中"找感觉""碰问题""练本领"。鼓励学生参加各级各类创业竞赛活动，近年来，共获得国际级竞赛奖 29 项、国家级 221 项、省级 443 项，参赛学生达 5700 人次。成立大学生创新创业工作领导小组，修订完善创新创业相关规章制度。投入 400 万元支持大学生创新创业，设立"创青春"大赛、全国大学生创业大赛专项资助基金。依托哈尔滨大学生创业孵化园，从信息、技术、资源、管理等方面搭建创业学生与创业投资机构、天使投资人接触的平台，志行天下教育咨询有限公司、时光慢递有限责任公司等创业实践项目顺利落地孵化。

4. 推动林业特色网络课程资源共享

2014 年 5 月，北京林业大学牵头其他 9 所涉林高校共同发起组建"全国林业高等院校特色网络课程资源联盟"。该联盟在"自愿参与、共建共享、互惠互利"的原则上，充分发挥林业院校自身特色与优势，整合共享现有的优质网络课程资源、共享教育教学改革成果，积极探索相关管理和运行机制，开展跨校教学合作活动，并面向全社会推广特色课程。北京林业大学开设的"中国名花"、东北林业大学开设的"木材与人类生活"、南京林业大学开设的"插花艺术"等一批林科类国家级精品视频开放课程陆续通过审核并正式上线，面向社会开放共享，传播生态文明。

各涉林高校加大精品资源共享课建设力度，22 门林科类专业课进入教育部第一批"国家级精品资源共享课"行列。入选的 22 门林科类课程包括：北华大学"森林植物学"（杜凤国）、西北农林科技大学"森林生态学"（张硕新）、北京林业大学"森林培育学"（马履一）、西北农林科技大学"森林昆虫学"（李孟楼）、东北林业大学"资源昆虫学"（严善春）、浙江农林大学"森林经理学"（汤孟平）、福建农林大学"水土保持学"（黄炎和）、北京林业大学"土壤侵蚀原理"（张洪江）、东北林业大学"保护生物学"（迟德富）、东北林业大学"动物生理学"（肖向红）、东北林业大学"毛皮学"（张伟）、南京林业大学"园林规划设计"（张青萍）、华中农业大学"园林植物育种学"（包满珠）、华中农业大学"园林树木学"（陈龙清）、北京林业大学"园林花卉学"（刘燕）、华中农业大学"园林植物昆虫学"（尹新明）、福建农林大学"工程索道"（周新年）、东北林业大学"木材学"（郭明辉）、中南林业科技大学"木材学"（吴义强）、广西大学"木材学"（罗建举）、南京林业大学"人造板工艺学"（周晓燕）、西南林业大学"胶粘剂与涂料"（杜官本）。

　　与此同时，由亚太森林组织资助，挂靠在北京林业大学的"亚太地区林业院校长会议机制协调办公室"主持的"亚太地区可持续林业管理创新教育项目"于2013年正式获批立项，该年11月在新西兰举办的第三次亚太地区林业院校长会议上举行了项目启动仪式。

　　该项目由北京林业大学、加拿大不列颠哥伦比亚大学、澳大利亚墨尔本大学、马来西亚普特拉大学以及菲律宾大学共同开发6门网络课程，目的在于通过网络在线互动课程的形式，提高亚太地区林业可持续经营水平以及推动本地区林业高等教育创新。2014年，各项目承办院校根据项目时间表以及课程录制标准召开了项目工作会议，并初步完成了项目网络平台建设、视频课程样片录制以及其他项目准备工作，为项目如期上线并对外推广做好准备。

　　2015年，按照"亚太地区可持续林业管理创新教育项目"工作安排，各项目执行单位按照项目进度推进在线课程录制及网络平台搭建工作，并在2015年9月于南非举办的世界林业大会上以边会形式正式对外宣传，赢得广大与会代表的关注和好评。经过各单位的通力合作，项目目前已进入结题收尾阶段。

　　该项目作为亚太地区林业院校长会议机制下的第一个林业高等教育国际合作项目，将对本地区同类教育合作项目以及今后层次更加多样、内容更加丰富的合作项目起到非常重要的示范作用。

5. 加强本科教师教学能力建设，完善教学质量监控体系

　　各涉林院校大力建设教师教学发展中心，积极开展教师培训，满足教师职业发展需要；以中青年教师和教学团队为重点，健全人才引进和培养机制，不断提升教师队伍水平。

　　北京林业大学组织本科课程优秀教案和教学成果评奖、青年教师教学基本功比赛、微课比赛等活动、开展"我心目中的好老师""毕业生满意度调查""优秀教师"和"校级教学名师"等评选工作，以比赛评优促进教师教学水平整体提升。至今已有21名教师被评为"北京市教学名师"，同时校内选拔了19位校级教学名师，辐射带动教师教学能力的提升。东北林业大学实施"教师教学能力培养工程"，建立了学校、院(部)和基层教学组织"三位一体"的教师教学能力提升体系。依托教师教学发展中心，积极开展教师培训、教学研究与改革、教学咨询等各项工作，开展教学专题研讨、教学沙龙、名师大讲堂等活动。中南林业科技大学推进卓越教学团队建设，探索"青年教师企业轮训计划"，选送教师到相关企业、研究机构等进行挂职工作锻炼或跟班工作，强化教师实践能力。

　　与此同时，涉林高校整体推进本科教学质量的监督、评估与反馈；探索研建林科专业人才培养质量标准、教学质量规范体系，加强全过程质量监控。

　　东北林业大学构建"五位一体"的教学质量保障体系，包括教学质量组织与

指挥系统、教学质量目标与标准系统、教学质量监控与反馈系统、教学质量评估与诊断系统、教学条件支持与保障系统，不断完善教学质量监控与保障体系。北京林业大学于 2015 年以学校教学促进中心为基础，强化机构职能，组建本科教学质量监控与促进中心，完善并确立了学校"全程、全面、分层"的本科教学质量监控体系。通过实践探索，北京林业大学形成了较为健全的本科教学质量监控体系。

6. 拔尖创新型农林人才培养模式改革

北京林业大学通过推广"梁希实验班"办学经验，以培养学生的"创新意识、创新思维和创新能力"为核心，以"科学素养、专业能力、创新思维"协调发展为培养特色，以培养行业领军人才为根本目标，实施本科生导师制，构建"厚基础、重创新、个性化、国际化"的人才培养模式。林学、园林、森林保护、水土保持与荒漠化防治、园艺等入选拔尖创新型卓越农林人才教育培养计划改革试点项目的专业，建立"套餐"与"点菜"有机结合的课程体系，大力强化实践教学和科研训练环节，加强师资队伍和教学资源建设，深化教学改革，推进拔尖创新型卓越农林人才培养。

南京林业大学依托林学和森林保护专业，以培养具有"国际视野、现代思维、本土行动"的拔尖创新型人才为目标，构建"通识教育+专业教学平台"的人才培养方案，实行三学期制，开展国际化教学，实施双导师制（学业导师和科研训练导师），强化科研训练，完善实验实践教学体系，探索完全学分制和弹性学分制，实现"国际化与本土化的统一、继承传统与开拓创新的统一、理论水平拔尖与实践能力拔尖的统一"的教育理念，培养符合生态文明和林业现代化建设需求的拔尖创新型人才。

7. 复合应用型农林人才培养模式改革试点

东北林业大学以森林保护、园林、农林经济管理及森林工程等优势特色专业为依托，坚持"行业指导、改革创新、突出特色、分类实施"的基础原则，按照"厚基础、重实践、强能力、促个性、敢担当"的培养原则，以课程体系改革为中心，明晰人才培养目标，总体复合应用型人才培养标准，推行本科生导师制，深化以考试方法改革为抓手的教学方法改革，强化实践教学，构建与企业联合培养人才的新机制，培养基础扎实，具有较强的创新能力、管理能力和服务能力，能在林业现代化和社会主义新农村建设过程中发挥关键作用的复合应用型人才。

中南林业科技大学发挥学校特色和优势，结合林学、生态学、木材科学与工程、食品科学与工程等专业特点，构建了以培养学生自主创新能力为中心，教学、科研、实践、服务四基本点联合驱动，基础、通识、专业、创新四层次阶梯式发展的"一中心、四基本点、四层次"产学研协同创新的人才培养模式，推行

"知识—能力—素质"一体化的"3+1"人才培养方法，推进卓越教师团队建设，创建考试成绩+实践能力+创新水平的"四四二"考评机制，全面深化复合应用型卓越农林人才培养改革。

8. 实用技能型农林人才教育培养模式改革试点

相关院校深化面向林业基层、林业产业的教育教学改革，根据林业基层对实用技能人才的需求，改革教学内容和课程体系，加强实践教学平台和技能实训基地建设，建立健全与现代林业产业发展相适应的现代化实践技能培训体系，探索"先顶岗实习，后回校学习"的教学方式，提高学生的技术开发能力和技术服务能力。例如，安康学院园林专业将实用技能型卓越农林人才教育培养改革试点工作与安康山水园林城市和生态旅游建设紧密结合，以突出"应用技术""地方性"为核心，不断凝练专业特色，积极探索"人才培养链"与"园林产业链"的有机融合，构建培养目标应用化、应用能力标准化、专业课程模块化、实习实训实战化、成绩考核集成化、师资队伍双师化的"以专业核心应用能力为导向的双链融合"人才培养模式。

三、林业、风景园林专业学位教育综合改革实践

涉林专业学位研究生教育是林科研究生教育和林业高层次应用型人才培养的重要组成部分。目前，培养应用型研究生的涉林专业学位种类主要有三种，分别为林业硕士、工程硕士（林业工程领域）、风景园林硕士。本研究主要以林业硕士、风景园林硕士为例进行实践总结分析。

1. 林业专业学位教育创新实践

2010 年 1 月，国务院学位委员会第 27 次会议审议通过林业硕士专业学位设置方案，决定在我国设置林业硕士专业学位。2010 年 9 月，国务院学位委员会下发《关于下达 2010 年新增硕士专业学位授权点的通知》（学位〔2010〕32 号），批准北京林业大学等 16 所高校新增林业硕士专业学位授权点，并将其列入 2011 年全国研究生统一招生专业目录。自此，林业硕士专业学位作为一种与林学学术型学位相对应的新型学位类型正式得以确立并发展。

林业硕士专业学位的培养目标是造就具备服务国家和人民的社会责任感，具有扎实的林业基础理论和宽广的专业知识，善于运用现代林业科技手段解决实际问题，能够创造性地承担林业及生态建设的专业技术或管理工作的高层次、应用型专门人才。根据现代林业建设重点和林业职业认证类别，林业硕士主要服务于森林与自然资源的保护、培育、经营与管理以及生态与环境的修复、保护与建设等领域。培养服务面向主要包括：林木良种工程、森林培育、森林可持续经营、

森林资源管理与监测、森林保护、林业生态环境工程、退化植被修复、水土保持与荒漠化防治、流域综合管理、野生动植物保护与利用、自然保护区建设与管理、湿地保护与管理、森林公园建设与管理、经济林和林特产品开发、木本生物质能源、碳汇林业、复合农林业与林下经济、森林旅游与游憩、设施栽培、信息技术与林业信息化、林业与区域可持续发展、林业经济与政策、林业生态文化建设、城市与社区林业等。

自林业硕士专业学位设置以来，林业硕士专业学位研究生教育注重质量和内涵，得到了较快的发展。截至 2016 年年底，全国林业硕士培养单位数量有 18 个，累计招生 2 410 人，授予学位 1 250 人。为加强林业硕士培养的规范化建设，建立了全国林业专业学位教育指导委员会（以下简称林业教指委），推动林业硕士教育改革创新的实践与探索。近年来，主要采取了以下多项举措：

（1）加强质量标准制定

林业硕士专业学位教育通过建立学位基本要求和质量评估体系，开展了专项评估等方式，不断完善质量标准制定。

2013 年 4 月，林业教指委制定《林业硕士专业学位基本要求编写工作方案》，同时成立编写工作小组。经过多次研讨和征求各培养单位、林业行业生产和管理部门的意见和建议后，并于 2014 年正式向国务院学位办提交了《林业硕士专业学位基本要求》（以下简称《基本要求》），该《基本要求》是林业硕士专业学位授予标准的基本依据，也是开展林业硕士教育质量检查和评估的参考依据。

2013 年 4 至 11 月，林业教指委编制了《林业硕士培养质量评估指标体系》，并征求了培养单位和行业部门的意见和建议。该指标体系分为三级指标，共 46 个评价因子，涵盖了林业硕士专业学位研究生培养的各个方面，为各高校培养林业硕士提供了参考，并作为开展质量检查和评估的依据。

2015 年，林业教指委组织开展了林业硕士专业学位授权点专项评估工作，2009—2011 年获得授权的 15 个林业硕士专业学位授权点接受了本次评估。在通讯评议中，15 个学位授权点中有一个学校出现两票"不合格"，其他 14 个学校无"不合格"情况。林业教指委组织专家组到该校进行了实地考察，针对通讯评议中出现的问题进行了调研与具体指导。

2016 年 4 至 10 月，根据国务院学位办的要求，林业教指委研究制定了《林业硕士专业学位授权点申请基本条件》。各校根据《基本要求》，不断加强课程教学。以北京林业大学为例，该校针对我国目前林业生产实践的特点和人才需求现状，从基础性、系统性、综合性、实用性、前沿性的原则出发，林业硕士课程分为学位课（包括公共学位课和专业学位课）和选修课两大类别，其中选修课分为林业类选修课和水土保持与荒漠化防治类选修课（表 6-2）。

表 6-2　北京林业大学林业硕士研究生课程体系

类　别		课程名称
学位课	公共学位课	中国特色社会主义理论与实践研究
		林业硕士专业外语
		森林生态系统理论与应用
		森林资源与林业可持续发展
		科技创新方法
		现代森林培育理论与技术
		森林灾害防控技术及应用
		生态环境建设与管理
		林木遗传改良与良种工程
		现代林业信息技术
		现代林业经营理论与技术
选修课	林业类	经济林生物技术与应用
		现代城市林业进展专题
		林火控制
		林业有害生物综合管理
		森林植物资源开发与利用
		森林资源资产评估
	水土保持与荒漠化防治类	生产建设项目水土保持
		生态环境建设规划
		生态环境监测与评价
		水土保持工程设计
		工程绿化学
		土地资源管理与土地整治

（2）推动案例教学

林业教指委以评、以培促建，推动核心课程案例库建设。2014—2015 年，林业教指委完成首批 6 门林业硕士核心课程的案例库建设工作，共收入 107 个教学案例。该批课程均是《林业硕士专业学位研究生指导性培养方案》中适宜开展案例教学的核心课程，案例大多是任课教师结合教学和科研实践的成果提炼，直接来源于林业生产和经营管理一线，反映出当前林业行业对应用型林业高层次人才的知识、能力需求。

2014 年 8 月 3~5 日，林业教指委在哈尔滨举办核心课程——"森林灾害防控技术及应用"师资培训会，该培训会由东北林业大学承办，来自全国 9 个培养单位的教师代表参加了培训。东北林业大学林学院张国财教授作为培训教师对本课程教学大纲、主要章节教学内容的重点、难点和学生学习效果等进行讲解，并进行了课堂现场示范教学、实践基地现场教学和案例实践点的现场考察。

为进一步推动林业硕士专业学位研究生教学案例开发，加强案例教学，推进教学改革，全国林业专业学位研究生教育指导委员会于 2016 年 6 月启动了全国林业硕士专业学位研究生优秀教学案例评选工作。经培养单位申报、第二届教指委第一次会议评议，《高分辨率遥感影像树冠提取——方法与实例》等 10 篇案例入选全国林业硕士专业学位研究生优秀教学案例，这 10 篇案例被中国林业专业学位教学案例中心收录。

（3）开展专业实践基地建设

2015 年，林业教指委立项建设的 5 个优秀林业硕士专业实践基地项目顺利完成。福建农林大学—西芹教学林场、江西农业大学—江西省林业科学院、东北林业大学—黑龙江省平山林业制药厂、南京林业大学—镇江市十里长山生态农业有限公司、北京林业大学—北京市林业保护站等专业实践基地在建设期内对管理体制与运行机制进行总结和研究，完善了与专业实践相关的管理规章制度，并以此带动了所在学校林业硕士专业实践基地的建设。

（4）全国林业硕士优秀学位论文评选

为规范不同类型学位论文的写作与评价，林业教指委 2014 年成立课题组研究制定了《林业硕士学位论文类型、要求及评价指标（试行）》。课题组在调研的基础上，将林业硕士的学位论文类型分为试验研究、规划设计、产品与技术研发、调研报告、案例分析、项目管理 6 类，并分别制定了各类型的具体要求和评价指标，为各培养单位提供了论文写作与评价的规范标准。为进一步鼓励林业硕士的创新精神，推动林业硕士专业学位研究生教育改革和创新，2014 年开展了首届全国林业硕士专业学位研究生优秀学位论文评选工作，《磁化培养液生产蛹虫草及其活性成分分析》等 13 篇论文入选首届全国林业硕士专业学位研究生优秀学位论文。2016 年开展了第二届全国林业硕士专业学位研究生优秀学位论文评选工作，《北京山区山洪沟道特种及山洪预警技术研究》等 15 篇论文入选。

（5）林业教指委换届

2016 年 6 月，根据国务院学位委员会、教育部、人力资源社会保障部下发的《关于全国金融等 28 个专业学位研究生教育指导委员会换届的通知》（学位〔2016〕12 号），组建了新一届的林业教指委。本届林业教指委共有 20 位委员，与上届委员组成相比，来自行业部门的业务骨干明显增多。在 2016 年 11 月 23 日召开的教指委第一次会议上，教指委主任委员、国家林业局副局长张永利强调，要用系统思维设计林业专硕的来源培养去向问题，做到中间抓衔接、两头抓延伸，设计出完整的全链条式的招生政策，引导最有可能从事应用型工作的生源攻读专业学位；优化培养方案，进一步强化学生专业实践技能的培养；做好与就业政策的对接，让具有专业学位的研究生具备应用型工作岗位的能力。

2. 风景园林专业学位教育创新实践

风景园林专业学位是以风景园林职业任职资格为背景，综合运用科学和人文、技术和艺术的手段，以协调人和自然之间的关系为宗旨，研究人类户外空间环境，为培养具有较强的专业能力和职业素养，具有创新性思维从事风景园林规划、设计、建设、保护和管理等工作的应用性、复合型、高层次专门人才而设置的一种学位类型。截至 2016 年 10 月，全国共有风景园林专业学位授权点 59 个，其中第一批 25 个，第二批 7 个，第三批 27 个，2015 年专项评估撤销 1 个，2016年动态调整新增 1 个。

风景园林专业学位作为一种新的人才培养类型，其发展历史可追溯到 20 世纪初，是在古典造园、风景造园基础上通过科学革命方式建立起来的人才培养模式。迄今，在美国、欧洲、加拿大、日本等国家设有风景园林硕士同类或相关的职业学位。2005 年，北京林业大学、北京大学等教育机构在充分论证基础上，联合住房与城乡建设部、国家林业局等行业主管部门和中国风景园林学会等学术团体共同申请，并在国务院学位委员会第二十一次会议上审议通过设置，正式启动全国风景园林硕士专业学位教育。

风景园林专业学位服务领域集中在风景园林规划与设计、风景园林工程与技术、风景园林植物与应用、自然资源与遗产保护、风景园林经营与管理等方面。未来风景园林专业学位发展遵循我国专业学位教育发展规律与规划，以风景园林专业服务领域需求为导向，借鉴、吸收发达国家和地区同类专业学位教育的有益经验，积极创新符合我国国情的，具有地域特色的风景园林专业学位人才培养模式；统筹风景园林专业学位授权规划，促进专业学位授权点合理布局，积极发展硕士专业学位，带动推进学士专业学位，积极推进博士专业学位，构建中国特色的风景园林专业学位教育体系。

经过不断的实践探索，风景园林专业学位教育着力推动了两个方面的改革创新：

(1) 风景园林专业学位教育规范化、科学化建设

根据国家专业学位研究生教育形势，先后修订或编制《全日制风景园林专业学位研究生指导性培养方案》《风景园林硕士专业学位论文指导性规范》《风景园林专业学位基本要求》《风景园林专业学位授权点专项评估方案》等纲领性文件，作为全国培养单位开展风景园林硕士研究生教育的科学指南和根本依据。这些文

件对于规范风景园林专业学位教育、保障风景园林专业学位人才培养质量发挥极其重要的作用。

全国风景园林专业学位研究生教育指导委员会同教育部学位中心共同完成了中国专业学位教学案例中心风景园林分中心的建设规划；在全国专业学位中率先启动示范性风景园林专业学位研究生联合培养基地建设；作为中国专业学位教育代表，参加第九届北京国际文化创意产业博览会，实现专业学位教育与文化产业协同发展。这些有益的探索和尝试，极大地丰富和完善了风景园林专业学位教育体系。

（2）推动风景园林专业学位教育协同创新发展

风景园林专业学位发展须与风景园林专业学位服务领域紧密联系，要与风景园林职业资格相衔接。为此，风景园林教指委充分发挥职能，加强与中国风景园林学会、中国学位与研究生教育学会等学会组织的协同，先后创建中国学位与研究生教育学会风景园林专业学位工作委员会、中国风景园林学会教育工作委员会，初步形成了以风景园林教指委为主导，联合民间学术组织和行业协会的风景园林专业学位教育共同体。

风景园林教指委坚持风景园林学科的权威性和统一性，在确保自我职能的前提下，加强与住建部高等学校风景园林学科专业指导委员会（负责风景园林本科专业教育指导职能）、国务院风景园林学科评议组（负责风景园林学研究生教育指导职能）等风景园林相关教育专家组织的协同，通过参与住建部和中国科技协会有关课题的研究、联合中国风景园林教育大会、参与风景园林本科专业规范和国家标准制定等方式，启动风景园林学术共同体建设。

风景园林教指委还围绕风景园林专业学位教育与产业对接等问题，同广州、北京及海外风景园林企事业单位，开展风景园林专业学位教育产学研一体化对话活动。风景园林教指委通过开展多层次、全方位政产学研用对话活动，积极引导风景园林专业学位服务领域与风景园林专业学位教育机构共同协作。

四、全国涉林学科建设进展分析

"十二五"以来，林业学科建设不断强化，布局不断拓展。涉林一级学科发展到 7 个，分别是林学、林业工程、风景园林学、农林经济管理、生物学、生态学、农业资源与环境，其中林学一级学科下设林木遗传育种等 9 个学科方向，涵盖理学、工学、农学和管理学 4 个学科门类，形成了以生物学、生态学为基础，以林学、林业工程、风景园林学为骨干，涵盖理学、工学、农学、管理学等学科门类的林业学科体系。截至 2015 年年底，共布局 89 个一级学科博士点、2 个二级学科博士点和84个一级学科硕士点,分布在全国43个农林高等院校及科研单位(表6-3、表6-4)。

表6-3 全国涉林学科分布情况

序号	学科名称	类别、分布情况及数量								
		一级学科博士点			一级学科硕士点			二级学科博士点		
		林业大学	其他大学		林业大学	其他大学		林业大学	其他大学	
			农业大学	综合大学		农业大学	综合大学		农业大学	综合大学
1	林学	10	4		2	10	9			
2	水土保持与荒漠化防治								1	
3	林业工程	8	2	2						
4	木材科学与技术								1	
5	风景园林学	7	3		5	11	6			
6	农林经济管理	6	6		5	4	1			
7	生态学	10	5	3	2	5	2			
8	生物学	8	5	3	3	4	2			
9	农业资源与环境	4	3		3	7	3			
合计		89			84			2		

注:表中"博一"指一级学科博士学位点,"博二"指二级学科博士学位点,"硕一"指一级学科硕士学位点。

表6-4 全国涉林学科博硕士点分布情况

学科名称	序号	类别	依托单位
林学	1	博士一级科点(14)	北京林业大学、东北林业大学、南京林业大学、福建农林大学、中南林业科技大学、西北农林科技大学、中国林业科学研究院研究生部、西南林业大学、内蒙古农业大学、河南农业大学、河北农业大学、安徽农业大学、江西农业大学、四川农业大学
	2	一级学科硕士点(21)	浙江农林大学、山东农业大学、北京农学院、山西农业大学、沈阳农业大学、南京农业大学、华中农业大学、西南大学、甘肃农业大学、华南农业大学、新疆农业大学、仲恺农业工程学院、北华大学、湖北民族学院、华南师范大学、西华师范大学、贵州大学、西藏大学、兰州大学、青海大学、中国科学院研究生院

（续）

学科名称	序号	类别	依托单位
水土保持与荒漠化防治	3	博士（1）	中国农业大学
林业工程	4	博一（8）	北京林业大学、东北林业大学、南京林业大学、福建农林大学、中南林业科技大学、中国林业科学研究院研究生部、西南林业大学、内蒙古农业大学
	5	硕一（4）	浙江农林大学、西北农林科技大学、北华大学、吉首大学
木材科学与技术	6	博士（1）	安徽农业大学
风景园林学	7	博一（10）	北京林业大学、东北林业大学、福建农林大学、中南林业科技大学、西北农林科技大学、南京林业大学、河南农业大学、河北农业大学、四川农业大学、华中农业大学
	8	硕一（22）	浙江农林大学、中国林业科学研究院研究生部、西南林业大学、内蒙古农业大学、山东农业大学、山西农业大学、沈阳农业大学、青岛农业大学、南京农业大学、湖南农业大学、华南农业大学、新疆农业大学、安徽农业大学、江西农业大学、东北农业大学、北京农学院、西南大学、北华大学、海南大学、广西大学、贵州大学、青海大学
农林经济管理	9	博一（12）	北京林业大学、东北林业大学、西北农林科技大学、福建农林大学、内蒙古农业大学、山东农业大学、河北农业大学、沈阳农业大学、四川农业大学、新疆农业大学、华中农业大学、华南农业大学
	10	硕一（10）	南京林业大学、浙江农林大学、西南林业大学、中国林业科学研究院研究生部、河南农业大学、山西农业大学、安徽农业大学、甘肃农业大学、江西农业大学、贵州大学
生态学	11	博一（18）	北京林业大学、东北林业大学、南京林业大学、福建农林大学、中南林业科技大学、中国林业科学研究院研究生部、西北农林科技大学、西南林业大学、山东农业大学、内蒙古农业大学、华中农业大学、甘肃农业大学、安徽农业大学、四川农业大学、华南农业大学、海南大学、广西大学、贵州大学
	12	硕一（9）	浙江农林大学、河南农业大学、河北农业大学、山西农业大学、沈阳农业大学、江西农业大学、新疆农业大学、西藏大学、宁夏大学

（续）

学科名称	序号	类别	依托单位
生物学	13	博一（16）	北京林业大学、东北林业大学、中南林业大学、福建农林大学、南京林业大学、西北农林大、内蒙古农业大学、山东农业大学、河北农业大学、安徽农业大学、四川农业大学、华中农业大学、华南农业大学、海南大学、广西大学、贵州大学
	14	硕一（9）	浙江农林大学、西南林业大学、河南农业大学、沈阳农业大学、江西农业大学、甘肃农业大学、新疆农业大学、西藏大学、宁夏大学
农业资源与环境	15	博一（7）	北京林业大学、福建农林大学、西北农林科技大学、山东农业大学、沈阳农业大学、华中农业大学、华南农业大学
	16	硕一（15）	东北林业大学、南京林业大学、浙江农林大学、内蒙古农业大学、河南农业大学、河北农业大学、山西农业大学、安徽农业大学、江西农业大学、四川农业大学、甘肃农业大学、新疆农业大学、海南大学、广西大学、贵州大学

近年来，各林业高校和科研单位主动适应世界绿色经济发展、国家经济社会发展转型、生态文明建设等重大战略需求，加强特色优势学科建设，在 2012 年学位与研究生教育中心组织的一级学科评估中，涉林高校 3 个一级学科在国家评估中排名第一，分别是北京林业大学的林学、风景园林学，东北林业大学的林业工程学。综合来看，涉林学科建设的主要进展包括以下几个方面：

1. 国家林业局对林业学科建设的宏观管理和指导

2011 年 11 月 24 日，国家林业局正式成立林业学科建设指导协调小组和专家咨询组。建设指导协调小组和专家咨询组的成立旨在整合学科建设资源，凝聚学科建设力量，加强对林业学科建设的统筹协调和指导，充分发挥学科建设在现代林业建设中的基础性、全局性、战略性作用，推动林业教育、科技事业的改革创新和现代林业科学发展。

2012 年以来，国家林业局充分发挥局林业学科建设指导协调小组议事协调的引导作用和局林业学科建设专家咨询组智囊团、思想库的作用，立项开展林业学科发展战略、林业学科体系构架及学科设置等重大问题的研究，连续举办林业学科建设、森林经理高级研讨会。2014 年，国家林业局组织召开了"面向现代林业提升学科支撑能力建设"高级培训研讨班，组织涉林学科建设单位深入研讨如何落实国家战略要求，提升涉林学科建设水平。

与此同时，国家林业局于 2015 年 3 月启动新一轮国家林业局重点学科评选工作，印发了《关于开展国家林业局重点学科评选工作的通知》（办人字〔2015〕44 号），通过以评促建，进一步推进林业学科内涵建设，引导有关院校(单位)提升人才培养、科学研究、服务生态的水平。

本次共有26个学科建设单位的72个学科点申请重点学科，14个单位的33个一级学科方向(二级学科)申请重点(培育)学科，涉及8个学科门类的21个一级学科。经过专家通讯评议，专家组会议评审和国家林业局审核，共评选出国家林业局重点学科59个(表6-5)、国家林业局重点(培育)学科15个(表6-6)。评选出的重点学科将在创新型林业人才培养、科学研究、社会服务和生态文化传承等方面发挥示范和带头作用。

表6-5　国家林业局重点学科名单(2016年1月颁布)

国家林业局重点学科名称	依托单位
林学	北京林业大学、东北林业大学、南京林业大学、中南林业科技大学、西南林业大学、西北农林科技大学、中国林业科学研究院、河北农业大学、内蒙古农业大学、北华大学、浙江农林大学、安徽农业大学、福建农林大学、江西农业大学、山东农业大学、华南农业大学、四川农业大学、贵州大学、新疆农业大学
林业工程	北京林业大学、东北林业大学、南京林业大学、中南林业科技大学、西南林业大学、中国林业科学研究院、国际竹藤中心、内蒙古农业大学、福建农林大学
风景园林学	北京林业大学、东北林业大学、南京林业大学、中南林业科技大学、西北农林科技大学、福建农林大学、河南农业大学
生物学	北京林业大学、东北林业大学、南京林业大学、西北农林科技大学、福建农林大学
生态学	北京林业大学、东北林业大学、南京林业大学、中南林业科技大学、西南林业大学、西北农林科技大学、中国林业科学研究院、福建农林大学
农业资源与环境	南京林业大学、西北农林科技大学、浙江农林大学、福建农林大学
农林经济管理	北京林业大学、东北林业大学、南京林业大学、西南林业大学、西北农林科技大学、中国林业科学研究院、福建农林大学

通过简要分析，涉林特色优势学科建设的总体态势呈现以下几个特征：一是涉林特色优势学科的总体格局基本保持稳定，不均衡发展态势仍然存在。北京林业大学、东北林业大学、西北农林科技大学、南京林业大学等传统的主要涉林高校均有6个及以上学科成为国家林业局重点学科，体现出这些涉林学科建设单位通过长期积淀，积累了明显的学科整体优势。但是总体上看，涉林特色优势学科的覆盖面不宽、不均衡发展的格局仍然存在，特别是在大部分参评的农业高校只有林学1个学科进入国家林业局重点学科行列。二是部分省属大学涉林学科建设有了长足进

表 6-6 国家林业局重点(培育)学科名单(2016 年 1 月颁布)

国家林业局重点(培育)学科名称	依托单位
科学技术哲学(生态文明建设与管理方向)、地图学与地理信息系统、国际贸易学(林产品贸易方向)	北京林业大学
环境与资源保护法学、生药学	东北林业大学
机械设计及理论、制浆造纸工程	南京林业大学
旅游管理	中南林业科技大学
旅游管理	西南林业大学
草原学	西北农林科技大学
消防工程	南京森林警察学院
植物学、环境与资源保护法学、林业经济管理	浙江农林大学
城市规划与设计(传统村落景观保护与规划)	安徽农业大学

步。福建农林大学、中南林业科技大学分别有 7 个、4 个学科获批国家林业局重点学科，表现较为突出。三是学科交叉融合有新的进展，但发展基础相对薄弱。本次 33 个一级学科方向申请重点培育学科，涉及哲学、法学、地理学、建筑学等多学科与现代林业发展领域的交叉融合，反映了有关高校对学科交叉融合的重视。如北京林业大学的生态文明建设与管理方向，就是主动适应国家生态文明建设战略需求，积极与哲学交叉融合产生的学科新增长点，而且通过该校的连续建设发展，呈现出良好的发展态势。但是总体上看，学科交叉发展仍待加速，特别是融入需要学科基础、资源整合等。

尽管涉林学科建设取得了长足的进步，但是与国家推动"双一流"建设的需求相比，还有很大的距离。特别是在涉林学科体系构建的顶层设计、涉林学科新增长点拓展、产教融合推动涉林学科和专业一体化建设等方面，还需要行业主管部门、涉林学科建设单位强化合作、共同推动学科建设机制创新和质量提升。基于以上考虑，国家林业和草原局将起草制定《国家林业和草原局重点学科管理运行办法》，推动涉林特色优势学科建设动态调整、绩效管理。

2. 涉林学科在 ESI、QS 等国际主流学科排名中的表现稳中有升

根据 ESI 学科领域划分，涉林学科包括在农学和生命科学范围内，具体的学科领域涵盖在农学下的农业科学(Agricultural Sciences)、植物与动物科学(Plant & Animal Science)2 个学科领域；生命科学下的生物与生物化学(Biology & Biochemistry)、环境/生态学(Environment/Ecology)、微生物学(Microbiology)、分子生物与遗传学(Molecular Biology & Genetics)4 个学科领域。

根据 2016 年 1 月 20 日发布的最新 ESI 数据(数据更新节点为 2016 年 1 月 14

日，数据覆盖时间 2005 年 1 月 1 日至 2015 年 10 月 31 日）显示：在农学领域，中国内地共有 35 所高校进入 ESI 农业科学 ESI 排名，33 所高校进入植物与动物科学 ESI 排名；在生命科学领域，分别有 38 所、25 所、5 所、11 所高校进入生物学与生物化学、环境科学与生态学、微生物学、分子生物学与遗传学 ESI 排名。

其中，涉林高校中有西北农林科技大学、北京林业大学、东北林业大学名列其中。具体为，西北农林科技大学在农业科学、植物学与动物学 ESI 排名中分别位于世界 109 位、319 位，北京林业大学在农业科学、植物学与动物学 ESI 排名中分别位于世界 545、536 位，东北林业大学位于植物学与动物学 ESI 排名的 850 名，见表 6-7。

表 6-7　我国涉林高校在 ESI 学科排名表现

世界排名	高校名称	论文总数	引文总数	篇均引文数	顶级论文数	热点论文数	高被引论文数
农业科学							
109	西北农林科技大学	1648	10364	6.29	18	1	18
546	北京林业大学	371	2287	6.16	8	1	7
植物学与动物学							
319	西北农林科技大学	2021	10634	5.26	12	0	12
536	北京林业大学	1056	6172	5.84	11	0	11
850	东北林业大学	601	3114	5.18	2	0	2

（2016 年 1 月 14 日，数据覆盖时间 2005 年 1 月 1 日至 2015 年 10 月 31 日）

对以上数据进行简要分析，可以看到：一是主要涉林高校的学科优势仍然集中于传统的农林领域、植物学领域，西北农林科技大学、北京林业大学和东北林业大学研究论文的总数、引文总数、篇均引文数有了长足的进步。二是相比世界水平而言，主要涉林高校的农业科学、植物学与动物学的排名还处于中等偏下水平，只有西北农林科技大学分别进入这两个学科排名前 1/7、1/3。三是相对国内农业大学和综合大学而言，涉林高校的优势学科相对单一，没有一所高校进入生物学与生物化学、环境科学与生态学、微生物学、分子生物学与遗传学的 ESI 排名，凸显涉林高校在这些基础学科的实力相对薄，同时涉林高校还面临来自综合性大学在农业领域的激烈竞争。

在 QS 农学林学学科世界排名中，中国农林高校表现稳步提升，但仍有极大的提升空间。2015 年，我国共有 11 所大学进入 QS 农学林学学科世界排名前 200 位。中国农业大学以 80.3 分位居世界第 18 位。北京林业大学、南京农业大学、西北农林科技大学、浙江大学 4 所大学位居世界 51~100 位。华中农业大学、山东农业大学、华南理工大学位居世界 101 ~ 150 位，上海交通大学、华南理工大学位居世界 151 ~ 200 位。属于涉林高校的只有北京林业大学和西北农林科技大学进入排名。

综合 2013—2015 年农学、林学学科世界排名情况，我国进入世界前 200 名的大学总数基本维持在 10 所左右，2013 年、2015 年为 11 所，2014 年为 10 所。在中国大学进入前 200 名的数量保持基本稳定的情况下，部分大学的排名进步较大，中国农业大学呈现较快提升状态，2014 年首次进入世界前 50 位，2015 年位居世界前 20 名，成为中国 7 所大学入选全球学科排名前 50 名的学校之一，反映其学科整体水平和国际声誉有较大幅度的提升。此外，北京林业大学的排名从 2013 年的世界 151 ~ 200 位进入 2014 年的 101 ~ 150 位，2015 年又进入世界 51 ~ 100 位，反映该校在林学相关领域人才培养和学科建设方面取得稳步发展。但是总体上看，我国涉林高校在 QS 世界大学农学林学学科排名中的差距还很大，发展的道路还很漫长。

五、林业高等教育教材建设进展分析

教材建设是高等林业教育教学的重要载体。"十二五"期间，林科类专业教材建设全面贯彻落实《教育部关于"十二五"普通高等教育本科教材建设的若干意见》等文件精神，大力实施教材精品战略，着力提高教材质量，相继组织编写出版了一批符合林科教育规律和人才成长规律，科学性、先进性、适用性兼具的高水平教材，有力地支撑了高等林科类专业教学质量和人才培养质量的提升。主要的实践探索体现在以下几个方面：

1. 林科教材建设的宏观环境优化

2013 年国家林业局成立了国家林业局教材建设工作领导小组（《国家林业局办公室关于成立国家林业局教材建设工作领导小组的通知》（办人字〔2013〕150号）），下设院校林科教育教材建设办公室和干部培训教材建设办公室。院校教材建设办公室设在中国林业出版社，负责林科高等及职业教育教材建设规划的编制及组织实施，组建由有关院校专家组成的高教、职教教材建设专家委员会，制定工作细则，组织开展林科类及相关学科（专业）教材编制和出版工作。国家林业局院校教材建设办公室、中国林业出版社依托教材建设专家委员会、教指委等相关机构，协同各方力量，搭建战略联盟、推动创新创业教育、编制教材规划，推动了林科教材建设的不断发展。

（1）组建成立全国高等农林院校教材建设战略联盟

我国高等农林院校在学科建设、师资队伍、专业设置与人才培养等方面具有相似性与互补性等具体特点，如何聚合各校特色，形成综合优势，特别是将高校与行业管理部门、教材建设机构等协作结合起来，可以推动教材建设、专著出版、教育教学研究等工作的互补融合。为此，2014 年由国家林业局院校教材建设办公室、中国林业出版社发起组建全国高等农林院校教材建设战略联盟。经过近两年的筹备运作，2016 年 6 月联盟成立大会在北京召开，第一届联盟成员单位共有北京林业大学等 32 所相关院校及单位，其中包括中国(北方)现代林业职业教育集团和中国(南方)现代林业职业教育集团。教材建设战略联盟的成立，更加有效地凝聚了农林教育的力量，明确了服务现代林业发展、服务生态文明建设的发展方向。

(2)启动"高等院校大学生创新创业教学研与教材建设项目"

为落实国务院《关于大力推进大众创业万众创新若干措施的意见》及国务院办公厅《关于深化高等学校创新创业教育改革的实施意见》等文件精神，2016 年国家林业局专门组建了国家林业局高等院校创新创业指导委员会，并制定了《国家林业局高等院校创新创业指导委员会工作规则》。国家林业局局院校教材建设办公室、中国林业出版社于 2016 年 3 月在福建安溪召开"高等院校大学生创新创业教学研究与教材建设工作会议"，正式启动了"高等院校大学生创新创业教学研究与教材建设项目"。

(3)编制国家林业局普通高等教育"十二五""十三五"教材规划

国家林业局教材建设办公室与中国林业出版社在"十二五""十三五"期间分批、分层次、分学科立项，滚动建设了系列规划教材，为高等院校教育教学提供高质量、高水平的精品教材和配套的优质教学资源，充分发挥教材建设在提高人才培养质量中的基础性作用。其中，"十二五"期间，共有 600 余种教材列入"国家林业局普通高等教育规划教材"；2016 年年度首批共有 586 种教材选题列入"国家林业局普通高等教育'十三五'规划教材"选题目录(本科、研究生)，职业教育"十三五"规划教材正在编制中。

2. 多名协同推进林科教材建设务推介使用

国家林业局人事司、国家林业局院校教材建设办公室、中国林业教育学会、中国林业出版社等力量积极协同，不断加大林科教材的建设与推介使用，主要的实践探索包括：

(1)完成了第三届全国林(农)类优秀教材暨教材建设管理先进工作者评奖工作

该评奖于 2014 年 10 月启动，得到了全国林农类院校的积极响应，总计收到来自全国 29 所院校(其中本科学校 24 所，高职高专 5 所)的 184 种教材，出版单位涉及中国林业出版社、高等教育出版社、科学出版社、农业出版社等 32 家，其中本科(含研究生)教材 157 种，职业教育类教材 27 种。2015 年 4 月召开了评奖工作会议。经过与会专家认真评审，最终产生了一等奖 15 种、二等奖 27 种、优秀奖 50 种(表 6-8)。

表 6-8　第三届全国林(农)类优秀教材获奖名单

序号	获奖教材名称	主编	主编单位	出版社	获奖级别
1	森林培育学	沈国舫 翟明普	北京林业大学	中国林业出版社	一等奖
2	风景园林工程	孟兆祯	北京林业大学	中国林业出版社	一等奖
3	气象学(第3版)	贺庆棠 陆佩玲	北京林业大学	中国林业出版社	一等奖
4	园林植物遗传育种学(第2版)	程金水 刘青林	北京林业大学 中国农业大学	中国林业出版社	一等奖
5	园林树木栽植养护学(第3版)	叶要妹 包满珠	华中农业大学	中国林业出版社	一等奖
6	城市园林绿地规划(第3版)	杨赉丽	北京林业大学	中国林业出版社	一等奖
7	苗木培育学	沈海龙	东北林业大学	中国林业出版社	一等奖
8	木材学(第2版)	刘一星 赵广杰	东北林业大学 北京林业大学	中国林业出版社	一等奖
9	人造板工艺学(第2版)	周定国	南京林业大学	中国林业出版社	一等奖
10	室内与家具设计—— 家具设计(第2版)	吴智慧	南京林业大学	中国林业出版社	一等奖
11	食品感官评价	韩北忠 童华荣	中国农业大学 西南大学	中国林业出版社	一等奖
12	土壤侵蚀原理(第2版)	张洪江	北京林业大学	中国林业出版社	一等奖
13	水土保持工程学(第2版)	王秀茹	北京林业大学	中国林业出版社	一等奖
14	水文与水资源学(第2版)	余新晓	北京林业大学	中国林业出版社	一等奖
15	林业政策法规(第2版)	张力	广西生态工程职业 技术学院	高等教育出版社	一等奖
16	森林刑事案件现场勘查教程	张高文	南京森林警察学院	中国人民公安大学 出版社	二等奖
17	兽医外科学(第五版)	王洪斌	东北农业大学	中国农业出版社	二等奖
18	土壤调查与制图(第3版)	潘剑君	南京农业大学	中国农业出版社	二等奖
19	土壤污染与防治(第三版)	洪坚平	山西农业大学	中国农业出版社	二等奖
20	胶黏剂与涂料(第2版)	顾继友	东北林业大学	中国林业出版社	二等奖
21	森林经理学(第4版)	亢新刚	北京林业大学	中国林业出版社	二等奖
22	植物生理学	路文静	河北农业大学	中国林业出版社	二等奖

（续）

序号	获奖教材名称	主编	主编单位	出版社	获奖级别
23	木材干燥学（第3版）	王喜明	内蒙古农业大学	中国林业出版社	二等奖
24	家具展示设计	何中华 方锐文	华南农业大学	中国林业出版社	二等奖
25	家具设计概论（第2版）	胡景初 戴向东	中南林业科技大学	中国林业出版社	二等奖
26	家具表面装饰	朱毅	东北林业大学	中国林业出版社	二等奖
27	食品微生物学教程	李平兰	中国农业大学	中国林业出版社	二等奖
28	食品生物化学实验	于国萍	东北农业大学	中国林业出版社	二等奖
29	花卉装饰与应用	郑诚乐 金研铭	福建农林大学 吉林农业大学	中国林业出版社	二等奖
30	西方园林史（第2版）	朱建宁	北京林业大学	中国林业出版社	二等奖
31	风景园林艺术原理	张俊玲 王先杰	东北林业大学 北京农学院	中国林业出版社	二等奖
32	园林植物景观设计	祝遵凌	南京林业大学	中国林业出版社	二等奖
33	林业生态工程学（第3版）	王百田	北京林业大学	中国林业出版社	二等奖
34	风沙物理学（第2版）	丁国栋	北京林业大学	中国林业出版社	二等奖
35	园林树木1600种	张天麟	北京林业大学	中国建筑工业出版社	二等奖
36	林木种苗生产技术	邹学忠 李晓黎	辽宁林业职业技术学院	沈阳出版社	二等奖
37	木材加工技术专业综合实训指导书——木制品生产技术	曾东东	江西环境工程职业技术学院	中国林业出版社	二等奖
38	园林工程项目施工管理	陈科东 李宝昌	广西生态工程职业技术学院上海农林职业技术学院	科学出版社	二等奖
39	基于三维设计的工程制图	霍光青 郑嫣娥 徐道春	北京林业大学	机械工业出版社	二等奖
40	城市林业	李吉跃	华南农业大学 北京林业大学	高等教育出版社	二等奖
41	森林生态学（第二版）	李俊清	北京林业大学	高等教育出版社	二等奖
42	园林花卉应用设计（第2版）	董丽	北京林业大学	中国林业出版社	二等奖
43	食品生物技术概论	郝林	山西农业大学	中国林业出版社	优秀奖
44	建筑工程制图	王彦惠 尹宁 付云松	河北农业大学 宁夏大学 云南农业大学	中国水利水电出版社	优秀奖

（续）

序号	获奖教材名称	主编	主编单位	出版社	获奖级别
45	展示艺术设计	丁山	南京林业大学	中国水利水电出版社	优秀奖
46	破坏森林资源犯罪案件侦查工作指南	于成江	南京森林警察学院	中国人民公安大学出版社	优秀奖
47	应用数学	朱蕾	南京森林警察学院	中国人民公安大学出版社	优秀奖
48	统计学原理（第三版）	孙文生	河北农业大学	中国农业出版社	优秀奖
49	农业植物病理学（第二版）	董金皋	河北农业大学	中国农业出版社	优秀奖
50	鲜切花栽培学	李枝林	云南农业大学	中国农业出版社	优秀奖
51	大学语文	孙静	天津农学院	中国林业出版社	优秀奖
52	保险学原理与实务	李丹 刘降斌	东北农业大学 哈尔滨商业大学	中国林业出版社	优秀奖
53	药用植物生态学	林文雄 王庆亚	福建农林大学 南京农业大学	中国林业出版社	优秀奖
54	植物病理学	徐秉良 曹克强	甘肃农业大学	中国林业出版社	优秀奖
55	画法几何及阴影透视	韩豹	东北农业大学	中国林业出版社	优秀奖
56	公共空间室内设计	董君	北京农学院	中国林业出版社	优秀奖
57	城市交通工具色彩设计	张继晓	北京林业大学	中国林业出版社	优秀奖
58	食品实验室管理方法概论	王世平	中国农业大学	中国林业出版社	优秀奖
59	园林建设工程管理	龙岳林 许先升	湖南农业大学 海南大学	中国林业出版社	优秀奖
60	小城镇规划	陈丽华	北京林业大学	中国林业出版社	优秀奖
61	水土保持执法与监督	杨海龙 齐实	北京林业大学	中国林业出版社	优秀奖
62	土壤资源学	崔晓阳	东北林业大学	中国林业出版社	优秀奖
63	土壤·水·植物理化分析教程	张锚	东北林业大学	中国林业出版社	优秀奖
64	环境学导论	刘克锋 张颖	北京农学院 东北农业大学	中国林业出版社	优秀奖
65	土地资源学	吴斌 秦富仓 牛健植	北京林业大学 内蒙古农业大学 北京林业大学	中国林业出版社	优秀奖
66	家具设计	冯昌信	广西生态工程职业技术学院	中国林业出版社	优秀奖

（续）

序号	获奖教材名称	主编	主编单位	出版社	获奖级别
67	森林调查规划设计技术	苏杰南	广西生态工程职业技术学院	中国林业出版社	优秀奖
68	森林资源资产评估实务	董新春	江西环境工程职业技术学院	中国林业出版社	优秀奖
69	果树生产技术	潘芝梅	丽水职业技术学院	中国林业出版社	优秀奖
70	城市绿地生态	陈茂铨	丽水职业技术学院	中国林业出版社	优秀奖
71	园林制图	张吉祥	丽水职业技术学院	中国林业出版社	优秀奖
72	园林经济管理	李梅	四川农业大学	中国建筑工业出版社	优秀奖
73	现代森林培育理论与技术	翟明普	北京林业大学	中国环境科学出版社	优秀奖
74	食品微生物学	樊明涛 赵春燕 雷晓凌	西北农林科技大学 沈阳农业大学 广东海洋大学	郑州大学出版社	优秀奖
75	森林资源经营管理	王巨斌	辽宁林业职业技术学院	沈阳出版社	优秀奖
76	汽车维修工程	储江伟	东北林业大学	人民交通出版社	优秀奖
77	森林经营管理学（蒙文）	铁牛	内蒙古农业大学	内蒙古大学出版社	优秀奖
78	竹林生物量碳储量遥感定量估算	杜华强 周国模 徐小军	浙江农林大学	科学出版社	优秀奖
79	工程制图	商庆清 孙青云 孙志武	南京林业大学	科学出版社	优秀奖
80	环境艺术设计快速表现技法	宫艺兵 张红松	东北林业大学	科学出版社	优秀奖
81	细胞工程模块实验教程	詹亚光 齐凤慧 滕春波	东北林业大学	科学出版社	优秀奖
82	现代林业概论	肖忠优 宋墩福	江西环境工程职业技术学院	科学出版社	优秀奖
83	园林植物造型技艺	韩丽文 祝志勇	辽宁林业职业技术学院 宁波城市职业技术学院	科学出版社	优秀奖
84	市场营销学	王杜春	东北农业大学	机械工业出版社	优秀奖
85	家具结构设计（附光盘）	张仲凤 张继娟	中南林业科技大学	机械工业出版社	优秀奖
86	室内与家具设计人体工程学	程瑞香	东北林业大学	化学工业出版社	优秀奖

（续）

序号	获奖教材名称	主编	主编单位	出版社	获奖级别
87	林业有害生物控制技术	庞正轰	广西生态工程职业技术学院	广西科学技术出版社	优秀奖
88	动物生理学 CAI	肖向红	东北林业大学	高等教育出版社	优秀奖
89	园林工程施工与管理	王良桂	南京林业大学	东南大学出版社	优秀奖
90	林业俄语阅读教程	于黎明	东北林业大学	东北林业大学出版社	优秀奖
91	采购管理与库存控制（附光盘课件）	张浩	南京林业大学	北京大学出版社	优秀奖
92	土壤侵蚀控制理论与实践 Theoryand Practiceof Soilless Controlin Eastern China	张金池 庄家尧	南京林业大学	Springer	优秀奖

（2）启动了"国家林业局生态文明教材及林业高校教材建设项目"

党的十八大明确将生态文明建设融入"五位一体"中，并要求把生态文明建设贯穿于经济、政治、社会、文化建设的全过程和各环节。加强生态文明教材建设是推动生态文明建设与教材建设的重要抓手。基于此，2014年以来，国家林业局院校教材建设办公室对包括国家林业局与省部共建院校在内的多所农林高校等单位进行了调研。在调研中发现：现行林业类教材缺乏关于生态文明建设方面的系统阐述，高校生态文明教育相对滞后，大学生的生态文明意识亟待提升，目前仅有极少数林业高校开设了生态文明公共课，而且生态文明教育在高校中的地位较低，经费投入较少，使用的教材基本上是改革开放初期编成的，未能与时俱进，内容陈旧，与现实脱节，有的专业甚至各行其是，编写的教材重复、杂乱，严重制约了林业高校教育教学的发展，对林业行业人才培养质量产生了较大影响。各院校及相关单位迫切需要开展新一轮教材的更新和生态文明教材的编写。

鉴于此，在国家林业局人事司的具体指导下，局院校教材建设办公室、中国林业出版社依托教材建设专家委员会，联合全国高等农林院校教材建设战略联盟，于2016年年初启动了"国家林业局生态文明教材及林业高校教材建设项目"，并设立教材建设专项资金支持该项目的建设。项目建设周期为3年，主要开展生态文明教材的规划、编制、出版及现有林业类教材的修订更新等工作，计划新编生态文明相关教材150种、修订更新现有林业类教材390种、数字教材150种。

（3）优化、调整教材结构，推进教材立体化与数字化建设

"十二五"期间，国家林业局院校教材建设办公室在国家林业局教材建设工作领导小组的统筹和指导下，依托教材建设专家委员会，做好教材建设规划、编制、审定和出版工作。以国家、省部、高校三级为基础，大力推进教材建设，提

升教材整体质量。按照分类指导的原则建设多类型、多层次、多样化的教材与配套教学资源，以适应不同类型高等农林院校需要和不同教学对象需求。

2016年，国家林业局立项批复"卓越农林人才教育培养计划与教育出版研究"项目，该项目由中国林业出版社主持，北京林业大学、四川农业大学等5所院校作为协作单位，全面调研第一批卓越农林人才教育培养计划试点高校中涉林专业课程设置以及配套教材使用基本情况。在此基本数据的支撑下，针对各高校中涉林专业的不同改革试点方向（拔尖创新型、复合应用型、实用技能型），探索研究与之相适应的课程设置体系配套教材的出版。"十二五"期间，在园林、林学、木工三大传统林科类专业开发出版工学结合类教材60余种，并有28种教材被列选国家级规划教材。

"十二五"期间林科教材建设工作取得了突出的成绩，但是教材编写激励机制不完善，部分高水平教师编写教材精力投入不足，教材修订工作相对滞后；学科专业教材建设不均衡，基础课、热门专业（如园林）教材众多，布点少且招生量少的专业、新兴专业或课程的教材不完备；实践教学教材缺乏；林科类教材"走出去、引进来"方面工作开展不够等问题亟待解决。

为此，"十三五"期间，要进一步强化传统优势专业教材建设。继续发挥林学、森林保护、园林与风景园林、木材科学与工程、家具设计、水土保持与荒漠化防治等涉林专业的传统品牌出版优势，创新形式，丰富内容，做深做透涉林优势专业教材，全面推进教材立体化建设。同时，加强农林院校延伸专业的教材建设。加强环境科学与工程类、动物医学类、动物科学类、食品科学与工程类、管理类、经济类、设计学类、地理科学类、机械类等专业门类的教材建设，编写具有农林院校特色的专业教材。继续加强重点教材及行业培训教材建设。继续加强重点建设公共平台课、素质教育课、专业核心课、实验实践课以及新兴专业和交叉学科的教材，并加大行业培训教材建设力度。着力开展教材数字资源建设。积极推动林业高等教育服务平台的建设，着力开展有丰富配套教学资源的课程群、专业群的数字资源建设，稳步推进"中国林业出版社立方书"及数字教材的开发和推广。

同时，要积极推进涉林学科专业教材"走出去，引进来"。加强与国外相关专业出版社的合作，开展林学、家具设计、风景园林、园林等涉林学科优秀教材及相关参考书的版权合作。与国外大学相关专业教师合作，尝试进行教材合编、讲座、微课等多种形式的教材与教育教学资源建设。举办多种形式的教材推广活动。开展教材评优、推荐工作，名师主编教材课程的师资培训与课程研讨，讲课比赛及与重点学科建设相关的专题活动，推进全国涉林专业教育教学水平的提高。依托国家林业局高等院校创新创业指导委员会开展相关工作。组织编写创新创业课程系列教材，研发数字教学资源、建设网络教学平台；搭建创新创业教育交流平台，组织创新创业教学研究与教材建设工作研讨会，组织教学经验研讨和教学成果的交流、评优、推广及学生竞赛；整合优势资源，实现学校之间创新创业时间基地共享，开展创新创业教学研究，提供教学方法的专业化培训。

在激励机制方面与相关院校积极沟通，将教材编写纳入高校晋级晋职的考核指标，鼓励教学名师与高水平的教师参与教材编写。在教材建设与推介使用方面加大力度，推荐参与业界教材评优、教育部教学指导委员会的推介工作。由名师主编的教材可择机举办师资培训与课程研讨，最终以优秀教材建设带动全国林科类专业的教育教学水平的提升。

（撰写人：田阳、王兰珍、康红梅、曾凡勇、孙楠、赛江涛、周春光、陈贝贝。本研究报告由田阳负责统稿，系中国高等教育学会《高等教育改革发展专题观察报告》2017 年度立项课题研究成果）

第七章

西南三省（自治区）林业人才和教育培训调研报告

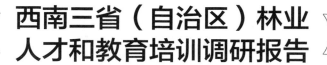

为摸清"十二五"时期林业人才工作、林业行业教育培训、高等和职业林业教育基本情况，总结经验、查找问题，分析林业发展对从业人员队伍的需求，做好全国"十三五"林业人才规划和林业教育培训规划编制工作，国家林业局人事司组织 6 个调研组赴全国各地开展调研。第五调研组在局科技司副司长杜纪山、中国林业教育学会副理事长兼秘书长、北京林业大学副校长骆有庆的带领下，于 2015 年 7 月至 8 月赴云南省、四川省和广西壮族自治区开展全国林业人才、林业教育培训"十三五"规划编制调研。调研组先后在云南省、四川省和广西壮族自治区林业厅召开座谈会，了解三省（自治区）的林业人才队伍和林业教育培训工作情况，并深入云南省楚雄彝族自治州、大理白族自治州、四川省雅安市、广西南宁市等地的林业局、林场、自然保护区，以及云南省林业科学院、广西壮族自治区林业科学研究院、广西斯道拉恩索（StoraEnso）造纸企业等单位进行实地调研。

一、云南、四川、广西三省（自治区）林业人才和教育培训主要情况

1. 云南省林业人才和教育培训情况

截至 2014 年年底，云南省林业系统职工总数为 34 539 人，其中省级单位在职职工 1 975 人，州（市）级单位在职职工 6 221 人，县级单位在职职工 26 343 人；行政管理人才 7 327 人，占全省林业人才总数的 21.2%；专业技术人才 13 926 人，占全省林业人才总数的 40.3%；技能人才 12 258 人，占全省林业人才总数的 35.5%；经营管理人才 1 028 人，占全省林业人才总数的 3%。专业技术人才中，高职 1 171 人、中职 6 567 人、初职 6 188 人，分别占全省林业专业技术人才总数的 8.4%、47.2% 和 44.4%；技能人才中，高技能人才 5 710 人、中级工 4 556 人、初级工 1 992 人，分别占技能人才总数的 46.6%、37.2% 和 16.2%。此外，云南省林业系统职工具有本科以上学历的 8 460 人，占全省林业人才队伍的 24.5%；具有高级职称的 1 171 人，占专业技术人才队伍的 8.4%，学历、职称较"十一五"有较大提高。

全省"十二五"期间共培养涉林研究生 1 750 人、本专科学生（含高职）20 694

人、中等职业教育学生 6 783 人，共培训涉林从业人员近十万人次。同时，依托林业科技项目，举办核桃、油橄榄、澳洲坚果等木本油料丰产栽培技术及中低林改造技术等各类培训班 1.36 万期，培训林农 68.2 万人次。

2. 四川省林业人才和教育培训情况

截至 2014 年年底，四川省林业人才总量达 4.66 万人，比"十一五"期间增长 4.6%，全省林业党政领导人才 7 913 人，专业技术人才 10 870 人，技能型人才 26 356 人，经营管理类人才 1 281 人，林业人才队伍更加多元化、专业化。全省具有研究生学历的林业人才 549 人，本科学历 9 865 人，大专学历 16 523 人；拥有高级职称的林业专业人才 862 人，中级职称 4 313 人，初级职称 5 595 人；技能型人才中拥有技师资格的 3 656 人，高级工 6 589 人。共有 37 名国务院政府特殊津贴专家，全国杰出专业技术人才 1 名。

"十二五"期间，举办各类业务培训班 130 余期，共培训 1.9 万余人次。全省 200 余人次参加了上级部门组织的干部调训、业务培训。围绕天然林保护工程、退耕还林工程和野生动植物保护与自然保护区建设工程，培训林业从业人员 170 万余人次，其中，林业公务员 3.5 万余人次、企业经营管理人员 1.8 万余人次、专业技术人员 5.5 万余人次，林业重点生态工程区域县、乡级领导干部 1.2 万余人次，林业工人和基层林农 160 万余人次。

3. 广西壮族自治区林业人才和教育培训情况

截至 2014 年年底，广西壮族自治区共有各类林业人才 49 086 人，其中管理类人才 8 724 人、专业技术人才 14 583 人、技能人才 25 242 人、企业经营管理人才 537 人，分别占全省林业人才总数的 17.8%、29..7%、51.4% 和 1.1%。从学历来看，博士 84 名，占人才队伍的 0.9%；硕士 1 036 名，占人才队伍的 10.9%。从职称来看，包括一批国家级、省部级突出贡献的专家，拥有正高级职称 42 名，占专业技术人才总数的 0.4%；副高级职称 286 名，占专业技术人才总数的 3%。广西壮族自治区林业厅每年列支 200 万~300 万元培训经费，"十二五"期间共举办党政干部、企业经营管理人员、专业技术人员培训等 290 多期，培训各类人员 30 000 多人次。2010 年以来林业厅向对口扶贫县投入林业项目资金 4 900 多万元，共举办林业推广技术、农村党员林业技能培训班等 130 多期，直接培训农村技术人员 1 万多人次，辐射带动 5 万多人。

二、云南、四川、广西三省（自治区）林业人才和教育培训的做法和经验总结

1. 实施林业人才专项工程，改善林业人才队伍结构

广西壮族自治区实施"136 林业人才工程""226 人才培训工程""万名林业人

才储备工程""林业干部队伍素质提升工程",连续 4 年开展区直林业事业单位公开招聘,引进管理、技术类人才 1 695 人,其中本科以上学历占总招聘人数的88.2%。广西外资造纸企业斯道拉恩索(StoraEnso)在涉林高校实行赞助奖学金和交换学生制度,组织到中国科学院和瑞典农业大学进行交换学习,为涉林专业大学生提供实习岗位,吸引优秀人才留在公司,目前该公司员工离职率不超过 10%。

四川省优化林业人才队伍结构,采取行政调配、公开招聘等方式,引进急需的科技人才。截至 2014 年年底,四川省省级林业部门先后直接考核招聘博士研究生 16 人,面向社会公开考试招聘专科及以上学历的林业人才 422 人。

2. 上下联动,发挥林业高层人才对基层的辐射带动作用

云南省创新推动"林业干部双向挂职双百行动"。2013 年 12 月起,云南省林业厅启动"百名科级干部到基层、百名基层干部到机关"双向挂职锻炼工程。截至 2015 年 7 月,共选派 168 名干部参加双向挂职锻炼(上挂 102 名,下派 66名)。此外,云南省还开展林业行业"专家服务团"工作。2012 年云南省林业厅组建了包括厅党组书记、厅长、9 名研究员、5 名省委联系专家和 6 名正高级工程师在内的林业行业专家服务团,制定了《云南省林业行业专家服务分团三年工作规划》,实施了"云南山地核桃丰产技术示范项目"等 7 个项目。

3. 加强林业人才信息库建设,改进基层林业专业技术职称评审方式

四川省收集了近 300 名高端科技人才的资料,将其分为生态及土壤类、林木种苗类、森林培育类、经济林类、野生动物与自然保护区管理类等 16 个专业学科领域,建立近期和中期人才培养梯队,每个梯队重点培养 3~5 名科技人才。对入库科技人才实行动态管理,定期调整,同时在重大项目立项、评先推优、职称评审、职务晋升等方面给予适当倾斜。四川省还结合"双千"工程、地震重灾区专业技术援助等活动,推荐 39 名干部人才到省内地震灾区和藏区挂职锻炼。2011 年以来,及时提拔业绩突出的下派优秀干部 11 人。云南省放宽基层林业专业技术职称评审条件,2014 年对县级及以下基层专业技术人员职称评聘条件不再做论文和答辩要求,该年全省林业系统职称晋升人数大幅提高。

4. 制定林业干部教育培训规划,推动培训下基层活动

广西壮族自治区以实施意见的形式下发林业干部教育培训规划,逐步形成了"短期有突破,中期有支撑,远期有跨越"的干部教育培训规划体系。同时,他们与北京林业大学等 3 所涉林高校开展厅校产学研合作。2010 年以来,广西壮族自治区林业厅向对口扶贫地区投入林业项目资金 4 900 多万元,举办林业推广技术、农村党员林业技能培训班等 130 多期,直接培训农村技术人员 1 万多人次,辐射带动 5 万多人。

四川省"十二五"期间举办"建设长江上游生态屏障县长班""加强生态文明建设县长班""四川林业发展改革培训班""加强依法治林基层公务员培训班"等20余期，培训生态工程区域地方县级领导、林业局局长及基层林业公务员和专业技术人员2 500余人次。2013—2015年，省厅带师资、带项目深入基层，连续3年举办川西藏区基层林业专业技术人才培训班，培训1 000余人次。四川省各市、州、县面向广大农村，特别是国有林区、集体林区、林业重点工程区，采取工学结合的方式，培养林业实用型人才和技能型人才等30余万人次，通过多元投资、自主发展，建设各类林业实训实践基地20余个。

三、云南、四川、广西三省（自治区）林业人才和教育培训存在问题的分析

与生态林业民生林业发展的需求相比，三省（自治区）的林业人才队伍建设和教育培训工作存在一些共性问题。

1. 林业人才结构性短缺，基层队伍情况堪忧

云南省、四川省和广西壮族自治区在部分涉林专业领域均出现林业高层次人才相对短缺，高技能实用人才、科技拔尖人才、复合型应用人才不足等结构性短缺问题。据统计，四川省林业站中、高级职称人才不足20%，省林业规划院专业技术队伍平均年龄47岁，只有每年引进15名专业技术人才能缓解短缺问题。广西壮族自治区对林业产业、湿地保护、森林资源评估等领域专门人才的需求量大，森林经营、林产化工等基层实用人才和技能人才短缺。云南省林业人才集中在州级林业部门，基层乡镇及边远落后地区人才匮乏，有编无人情况突出。楚雄彝族自治州近10年未新增林业职工。

2. 专业人才培养、引进存在体制机制障碍，人才队伍的活力有待提升

三省（自治区）均反映，受限于现行的公务员、事业单位公开招考制度，自然保护、资源管理等行业性强的单位在招聘时无法限定林业专业方向，在一定程度上导致所招非所需的人岗不符现象发生。林业行业具有艰苦性，由于国家规范绩效工资，一线和高层次人才奖励、外业补助等激励制度受到限制，对高层次人才和紧缺型人才吸引力不足，导致部分人才向企业和行业外流失，例如，四川卧龙大熊猫保护基地国家级人才流失十分严重。三省（自治区）均反映，县一级林业局局长多从乡镇提拔，具备专业背景的少，林业局一把手两三年就换，班子中学林、干林的干部少，不利于工作推动。

3. 林业院校与行业联动不足，涉林专业学科建设亟待加强

涉林院校与行业联系不够紧密，涉林专业学科滞后于行业发展，教育结构有待优化，特别是行业亟需的森林可持续经营、林业产业复合应用型人才缺乏。地

方高校涉林专业招生困难，林科大学生进入行业就业率低。例如，四川农业大学林学类专业第一志愿投报率低，只有50%，森保专业招生情况亦不容乐观。

4. 经费保障不足，教育培训体系有待健全

培训经费问题已成为大规模开展林业教育培训的瓶颈。云南省反映，林业教育培训经费渠道不顺，培训资金来源不稳定；四川省林业教育培训经费列入财政经常性预算项目的比例较低，很多好的培训项目常常因经费短缺不能开展；广西壮族自治区同样反映，林业职业教育方面投入经费不足。三个省（自治区）基层单位普遍反映，林业基层存在工学矛盾突出、国家级和省级培训对基层的覆盖面不足等问题。此外，四川省"省、市、县、乡"四级教育培训体系还不健全，无法延伸到基层单位，对林农的培训更是无暇顾及，且教育培训教学资源不足、方式单一；广西壮族自治区的林业教育培训网络在线学习平台使用效率不高。

四、关于对全国"十三五"林业人才和教育培训工作的主要建议

1. 抓院校源头教育，推动高校涉林人才培养与行业发展深度融合

一是建议国家林业局通过与教育部建立共建联席会制，加强对林业院校教育工作的指导，推动共建实体落地，统筹优化调整涉林本科、研究生和高职教育结构、重点做好林业特色专业建设，更好地服务林业建设。

二是设立专项资金投入，发挥行业主阵地作用，以"卓越农林计划"和涉林专业学位教育为重点，加强对涉林人才培养标准建设和实习实训基地建设，增强对产教融合等方面的政策指导和资源支持，培养林业亟需的拔尖创新型、复合应用型和实用技能型人才，推动林科教合作常态化发展。

三是完善国家林业局重点学科建设机制，引导涉林高校和科研机构顺应森林两增目标和产业发展对新材料、新能源、生物、信息等新兴产业的需求，促进传统林学与新兴学科交叉融合，将林业重点学科"做特、做精、做强"，健全林业学科体系。

四是在国有林区和国有林场改革中，借鉴大学生村官的特殊扶持机制，运用国家"面向农村地区招收大学生专项计划"的政策，在涉林本科院校和高职院校中试点实行林业基层场站大学生定向培养计划。

五是充分发挥中国林业教育学会联系全国林业教育机构的优势，指导其有序承接行业主管部门对林业教育治理的相关任务工作。

2. 整合资源，加大林业人才队伍建设和教育培训改革投入力度

首先，针对林业人才总量偏少、投入碎片化等问题，建议国家林业局党组整合各司局资源，建立多元人才投入机制，实施林业人才队伍的分类建设。可针对

高层次特殊人才后备队伍、优势产业高技能人才、专业技术人才、企业高级经营管理人才、基层实用人才、林业执法人才、外向型人才、科技推广人才等，实施专门的培养工程。同时完善和创新林业人才"选、评、引、留、用"机制。特别建议制定高层次创新型领军人才发展专项规划，大力培养院士后备人才等顶尖人才，壮大林业学术技术带头人队伍。

其次，建议推动全国林业人才信息库的共建共享和互联互通。适应国家推行职业资质资格改革的需要，建议优化涉林关键岗位职业资格认证，在营造林质量、森林资源资产评估、林木种苗等领域探索建立专业技术执业资格制度，对林业技术推广机构、林业工作站等岗位的公开招考制度进行适度优化，保障林业工作的专业化水平，规避基层林业人才断档、空心化等现象。

3. 集中力量，实施"十三五"林业干部人才教育培训工程

围绕生态文明建设、林业生态建设重点工程项目，加大对林业生态建设重点地区、贫困地区、民族地区的林业干部教育培训项目支持。建议将培训经费明确纳入天然林保护、退耕还林、防沙治沙等林业重点生态建设工程项目之中，确保专业教育培训经费落到实处。重点加强市县林业局长、国有林场场长、科技骨干、重点工程的教育培训。

4. 广泛协同，构建具有林业特色的行业教育培训体系

采取多渠道多形式，加强国家林业局管理干部学院等教育培训机构、北京林业大学等涉林院校与各省(直辖市、自治区)教育培训机构、职业院校的交流合作，整合高等院校、职业技术学校等有关教育培训机构资源，进一步完善国家部委、各省、市、县、乡教育培训体系，建设一批示范性林业行业教育培训基地。编写适合工程管理、林业技术推广的实用技术教材，强化师资队伍建设，形成资源共享、优势互补和更加开放、更具活力、更有实效的行业教育培训体系。

5. 积极创新，不断丰富教育培训方式，提高教育培训实效

有效利用教育培训资源，运用"互联网+"、慕课等技术，加快发展远程教育，形成广覆盖、多层次、开放式的终身教育网络。严格培训考核制度，建立培训跟踪管理制度，增强对用人单位和个人培训学习的激励约束力度。林业专业培训，尤其是技术类、实践类培训要多开展实地培训，增强培训的针对性，加大现有人才的知识更新力度。

（撰写人：田阳、宋红竹、赵珊。本研究报告由杜纪山、骆有庆、田阳负责统稿，系全国林业人才和教育培训"十三五"规划编制第五调研组集体成果）

第八章

林科大学生"百村千户
看林改"调研分析

21 世纪以来，我国林业改革取得重大成果，特别是集体林权制度改革的不断深化，将林地经营权和林木所有权交给农户，使农民成为真正的经营主体，有力推动了"资源增长、林农增收、林区和谐、生态良好"目标的历史进程。

国家林业局农村林业改革发展司在加快推进集体林权制度改革的同时，采取多种措施，积极调动社会各方面力量宣传林改、参与林改。2013 年，国家林业局农村林业改革发展司委托中国林业教育学会，组织北京林业大学、福建农林大学、西南林业大学三所林业高校的百名大学生完成了"百村千户看林改"大学生暑期调研活动。这是全国首次以集体林权制度改革和林业专业合作社建设为重点，组织林科大学生参与的主题调研活动，对于林科大学生走出校门，回到家乡，深入林改第一线，深入了解林情，掌握"三农"问题第一手资料，增强学林、干林的使命感，具有重要的示范效应。

一、调研活动基本情况和主要特点

调研活动自 2013 年 5 月启动以来，在各方的共同努力下，于 9 月完成了所有调研报告的提交。中国林业教育学会秘书处会同有关方面进行了报告评审、调研报告汇编、调研情况分析等工作。本次调研活动主要有以下两个特点：

1. 领导高度重视，认真制定方案，抓好组织发动

中国林业教育学会理事长杨继平同志重视本次调研活动，要求秘书处将其作为与国家林业局有关司局协同配合的重要工作来抓。杨继平理事长会同农村林业改革发展司司长张蕾、巡视员安丰杰共同研究确定了本次调研活动的实施原则、项目目标、调研报告的使用及项目经费的落实等项事宜，并责成学会秘书处就调研区域范围、项目参加单位及名额分配、调研时间、调研模式、调研报告要求等制定详细的项目实施方案。

学会秘书处认真落实杨理事长和农村林业改革发展司领导的有关要求，确定细化了由北京林业大学林学院、福建农林大学经济学院、西南林业大学组织 100

名农村生源进行调研的实施方案，并及时与三所大学有关部门保持联系，做好事项的组织宣传工作。

在此基础上，学会秘书处于 2013 年 5 月 25 日上午，在北京林业大学举行调研活动启动仪式，邀请农村林业改革发展司司长张蕾面向三所大学的调研学生代表做关于"集体林权制度改革"情况专题辅导报告，并对大学生调研工作提出具体要求，希望大学生通过对家乡林改情况的调研，了解林情，深刻思考，为建设生态文明作出应有的贡献。启动仪式上，安丰杰巡视员代表农村林业改革发展司向参加调研活动的学校发送了"林改 100 问"辅导材料。北京林业大学姜恩来副校长出席仪式并致辞。三所大学单位的代表和 40 名大学生代表参加仪式。会后，秘书处及时制作了启动仪式的视频光盘，发放到三所学校，要求三所学校对 100 名大学生进行全覆盖的二次动员辅导，并及时向三所学校拨付调研经费。

2. 各校立足实际，采取不同形式，高效组织调研活动的开展

三所大学的相关学院和部门都高度重视此次调研活动。各校在启动仪式后，面向大学生进行了认真的宣传员和组织工作。北京林业大学林学院请有关专业老师，对参加调研的学生进行了"林改与林业专业合作社"的知识普及辅导，组织学生查阅有关资料，做好调研前的理论背景和思想准备工作。西南林业大学和福建农林大学对参加活动的学生进行了集体调研前培训，组织学生观看张蕾司长"百村千户看林改"大学生调研活动的辅导报告视频，进一步了解集体林权制度改革的背景、进展情况和存在的问题。

本次调研活动在组织形式上采取"个人暑期返乡调研""同乡、同地区组合调研""团队调研"等方式并行推动。为保证调研活动的顺利进行，各校均制定了保障措施。北京林业大学林学院采取高年级学生带低年级学生，同时指导老师随时电话联系、指导、协调调研中遇到的问题和困难。西南林业大学校团委建立"西南林业大学林业合作社调研"QQ 群、微博，便于同学们在调研中相互交流。福建农林大学经管学院把这次调研活动作为学生社会实践活动重要内容之一，将调研学生分为三个团队，每个团队由两名老师带队，深入到县、乡基层进行调研。调研采取走访农户、基层座谈、问卷调查、实地考察等多种形式进行。

在同学们顺利完成调研活动、撰写调研报告后，三所学校均组织有关老师、专家，对本校学生调研报告进行了汇总和评审排序。其中，西南林业大学在对调研报告认真评审的基础上，评出一等奖 3 名，奖金 2 000 元，二等奖 6 名，奖金 1000 元，三等奖 10 名，奖金 500 元，优秀奖 21 名，奖金 100 元。鼓励学生积极参加社会实践活动。学会秘书处综合三所学校初评结果，会同国家林业局农村林业改革发展司组织相关专家完成了优秀调研报告评审工作。

三所学校均反映，此次活动非常有意义。同学们深入调研家庭所在乡、村集体林权改革后的变化情况，重点掌握当地林业专业合作社的建设现状，调研集体林权改革后森林经营变化情况、林农增收情况，分析林业专业合作社发展面临的问题，从大学生的角度提出政策建议，撰写调研报告。同学们的调研报告有调查、有数据、有分析、有建议，具有一定的参考价值。尽管调研报告质量还存在不均衡现象，但是对林科大学生增强对我国林情的了解，促进理论与实践相结合，为今后"干林"打下基础具有很好的示范效应。

二、集体林权改革和林业专业合作社调研情况分析

本次活动共吸引三所大学各有关专业百余名学生参加，收到调研报告 104 份，内容涵盖了 19 个省（自治区）的若干县、乡镇、村多级集体林权改革情况以及诸多林业专业合作社建设情况。调研报告从大学生的视角来总结、评价所调研村镇集体林权制度改革取得的成绩，以及存在的困难和问题，并从不同角度就深化集体林权制度改革提出了大学生的意见和建议。学会秘书处通过总结调研成果，全面梳理所有调研报告，采用文本量化统计分析等方法进行汇总归纳分析。综合 104 份调研报告的情况来看，集体林权改革和林业专业合作社建设呈现出以下 4 个特点：

1. 确权发证的主体改革进展大部分已完成，确权形式多样

73% 的调研报告认为所调研的县、乡镇和村已经完成确权发证的主体改革，但是还有 24% 的报告没有明确指出相应村主体改革的总体进展情况，暴露出林改在基层推动存在落实不彻底的问题。大部分调研报告反映，确权基础工作扎实，林权纠纷不多，但也存在因林地范围确定不够准确引发的林权纠纷案例。

调研报告显示，均山均林到户是主要的确权形式，占调研报告总数的 60%，自留山换证和"谁造谁有"的形式占总数的 51%，联户承包占总数的 26%，大户承包占总数的 20%。由此可见，林改确权以均山均林到户为主，极少数地方存在大户将林地分完，林农无地可分的现象。此外，林地类型划分方面，有调研报告提出"营林成本远高于补贴，农户利益受损"是农户不愿意将自己的林地划分为生态公益林或不满意的主要原因。

2. 林改成效尚未全面呈现，配套政策体系有待落实

56% 的调研报告反映大学生对林改总体成效印象评价为一般。仅有 15 份报告对林改促进区域林业经济发展给予肯定性的评价。

关于与林改配套的惠林政策调研，48% 的报告显示被调研的林农知晓国家有关惠林政策，但获得一项及以上政策优惠的只占到被调查农户的 45%。各地与集体林权改革配套的金融保险业务发展存在不平衡的现象，先进典型和推进不力的

现象并存。如广西藤县林改充分利用金融手段促进林改，办理林权抵押贷款36笔，金额7457万元，森林保险30笔，投保面积近59.3公顷，投保金额71.3万元。再如，福建永安洪田村已经有七成的林户将林地进行抵押贷款，其原因为当地信用社可以最高给林农评估价值50%的贷款，同时国家启动林地贴息贷款，2013年1万元本金每年补贴300元。

与此同时，各地林权抵押贷款政策的宣传执行情况不一，一些地区存在信贷政策门槛过高，林权抵押贷款评估过程复杂且费用过高的实际问题。如云南省红河州建水县五丰林果业专业合作社共花费4.5万元用于林权抵押评估，办理林权抵押贷款共花费6个月。

此外，森林保险业务开展范围也非常有限，只有6份报告显示被调研村的农户普遍投保森林保险，37份报告显示被调研村没有农户投保，43份报告没有关于森林保险业务开展的情况调研。

3. 集体林改后的森林资源经营管护效益改善情况不一，部分林改地区的生态林管护工作有待加强

林改后森林资源经营管护情况，可以根据营造林、森林管护和采伐变化情况的报告频数统计结果进行判断。营造林方面，34%的报告认为被调研村寨的营造林活动在林改后有所增加，13%认为没有变化，53%的报告没有提及此方面的信息。管护方面，28%的认为管护工作有所加强，6%的认为有所下降，11%的认为没有变化，55%的报告不清楚具体情况。此外，少数报告显示存在林权经营权被永久租赁的现象。有报告显示，云南大关县翠屏镇翠屏村80%以上的确权林地尚未被利用起来，暴露出均山到人，但生态管护责任并未真正均到个人的问题。

4. 林业专业合作社建设处于起步阶段

52%的调研报告提到建有各类林业专业合作组织情况，没有建立的占24%，不清楚的占24%。已建成林业专业合作组织的模式包括：农户+农户、公司+农户、股份制、公司+合作社+农户、合作社+农户+基地和其他共6种模式，报告频数最多的模式为农户+农户，其次是公司+农户。其中，经营范围最广的是"生产资料采购、林产品销售、加工、运输、贮藏等辅助服务"，其次是"林下经济"。

调研报告显示，各地林业专业合作社建设步伐存在很大差异。部分地区在县、乡登记的林业合作社不多。陕西靖边县尚未成立林业专业合作社。

三、集体林权改革和林业专业合作社建设存在的问题汇总分析

大学生调研报告反映了集体林权改革和林业专业合作社建设存在以下

问题：

1. 集体林权改革后，林农长期投入林业生产经营存在客观限制因素，在思想上仍然有不少顾虑，积极性有待进一步激发

93%的调研报告认为当前林业科技服务不能满足林改后林农的实际需求，导致林农缺乏承包林木资源经营管护的实用技术指导。同时，林业社会化服务体系发展缓慢，尤其是作为开展抵押贷款前置条件的资源资产评估、产品生产销售的信息渠道、营销管理咨询、森林经营方案的制定等方面的服务不足，有84份报告提到此问题。另外，林农生产经营的组织化和产业化程度较低，目前主要是以农户家庭为经营单元，生产难以实现规模化，产品技术含量和经济附加值较低，多数仍以出售资源原料为主，使得林业对区域农民增收致富的贡献程度极为有限；林农对于承包期满林地调整的预期使得当前不敢放手投入，更不敢进行长期投入；采伐限额及林地管理的政策制约农民根据市场情况进行灵活决策，影响了承包林地的回报水平，进而使得农户不愿对林地进行经营管护的集约投入。此外，林业以外就业和投资机会的增加，林业相对收益较低，使得林农更愿意到外面务工经商，不愿意在家从事林业生产经营。这些问题值得在完善配套改革中加以注意。

2. 林改政策宣传力度不够大，林业基层技术指导亟须加强

林改政策的宣传越到基层、到村、到户，政策宣讲越不够。部分林农对林权证关注度低，宣传力度有待深入。同时，林权证下发后的后续技术指导比较缺乏，林业实用技术培训和信息服务需要跟上。针对经营面积变小、变分散，经营主体变多、变复杂的情况的后续管理服务政策体系亟待完善。

3. 林业专业合作社的增收能力不强，对林农吸引力不高

多篇调研报告提到，林业产业只占被调研地区经济发展结构中的很小比例，林业产业发展不足。调研报告反映，林农从林业上得到的收入普遍偏低，只有26%的报告认为林业合作组织对成员收入有较大改善作用，21%的认为有一定改善作用，10%认为没有变化，还有43%对此没有给出清楚的描述。只有10%的报告认为合作组织对当地农户有较高比例的吸引，12%的认为有较高程度的吸引，29%的认为不清楚，但49%则认为对农户的吸引比例很低，发挥作用不大。

4. 林业专业合作社发展面临诸多制约因素，需要进一步采取综合措施加快培育和建设步伐

从调研报告反映的情况看，林业专业合作社发展的总体情况和特征呈现出比较分散、规模很小；团结农民增收效益不明显、缺乏森林集约经营等特点。如何根据南北方不同自然条件向集中化、规模化、区域化发展，任重而道远。通过梳理，运行机制不健全、规模化程度低、集约化水平不高、缺乏懂得运行经营林业专业合作社的技术带头人、前期投入大、缺乏扶持政策等，已经成为制约林业专业合作社健康发展的关键因素。迫切需要通过政策的扶持，良性竞争形成规模化、系统化的合作社品牌，提升抗风险能力。有些地区存在把生态林改成速丰林、果林，单纯重视经济林的经营，忽视生态公益林建设的现象。对此，需要认真研究如何引导林农既增收又注重将集体林可持续经营得更好，成为真正的绿色银行。要针对林农，采取有力举措，引导林农加强科学化、规模化的森林经营，将此作为林农合作组织建设的方向性问题进一步关注。

此外，林业专业合作社的组织、指导、服务体系发育培育不足，需要摒弃自发、分散、小规模的服务模式，积极探索适合我国国情、林情特点的组织形式，特别是强化合作社、协会等组织指导服务体系的中介作用。

（撰写人：田阳、贺超、贾笑微。本研究报告由田阳负责统稿，系 2013—2014 年国家林业局林改司委托项目阶段性研究成果，首次发表）

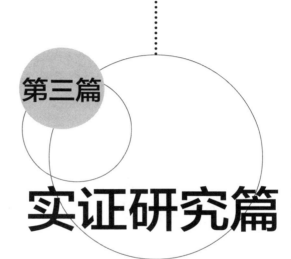

第三篇

实证研究篇

　　新时代呼唤高等教育要有新担当、大作为。同样，面向新时代，林科院校要统筹把握人才培养、科学研究、社会服务、文化传承与创新、国际交流合作五大功能，立足当前、放眼长远，主动识变、应变、求变，努力提升发展整体质量。

　　本部分结合高校的五大功能，针对林科大学科教融合协同育人的实践路径、共建绿色"一带一路"与深化林业高等教育国际合作、自然遗产保护等林草新领域的人才培养、林业高校自然生态类博物馆绿色化发展等问题，从总结发展经验、研判发展机遇、谋划改革新思路、探索发展新路径等方面提出了思考和建议，以期为新时代林科教育发展提供参考咨询。

第九章

 ## 行业特色型大学推进政产学研 用紧密结合的实践路径思考

我国经济发展进入新常态，发展动力正从要素驱动、投资驱动转向创新驱动。支撑引领新常态的核心是创新驱动。创新驱动的重要策源地之一是大学。随着我国高等教育进入大众化的中后期，大学发展需要通过改革驱动，以体制机制的创新激活和释放发展活力。高水平行业特色大学是我国高等教育的重要力量，更应该努力把握当前创新驱动战略的新形势，以办学理念的创新性变革为契机，融入国家发展大势，汇聚社会多方资源，大力推进高校与科研院所、行业企业、地方政府以及国际社会的深度融合，探索建立适应不同需求、形式多样的协同创新模式，多维度推进政产学研用结合的具体化、实践化，走出一条扎根中国大地、建设世界高水平大学的发展新路径。

一、政产学研用紧密结合是行业特色型大学发展的战略选择

行业特色型大学一般指高等教育管理体制改革前隶属于国家行业主管部门，具有显著行业办学特色与突出学科群优势的高校，涉及地质、矿产、医药、农业、林业、政法、水利、电力、财经、通信、化工、建筑、交通等多个领域，在长期服务行业的办学过程中，形成了围绕行业产业链进行学科专业布局、资源投入配置和师资队伍建设的办学模式。

经过世纪之交的高等教育管理体制改革，大部分原有中央行业部门所属高校划归为直属教育部或者地方政府管辖，教育部直属的 72 所高校中有 33 所是行业高校。这类高水平行业特色大学虽然已不再隶属行业部门管理，但形成了与行业密切相关、较为集中的特色学科、教学科研支撑体系，学术梯队健全，所培养的人才具有鲜明特色，在行业内拥有领先的科技资源和一定的行业影响力，形成了鲜明、稳定的办学类型、学科特点与服务面向，其价值和贡献得到广泛认可。根据统计，在 39 所国家"985 工程"院校中，行业特色型大学约占 1/4；在 118 所国家"211 工程"院校中，近一半为行业大学，在 2015 年"QS 世界大学学科排名"中，入选全球顶尖学科前 400 名的中国大陆大学共有 58 所，行业特色型大学约占其中 1/2。

随着我国经济社会发展进入新常态，高等教育迈向更加注重内涵发展、更加注重特色发展、更加注重体制创新、更加注重需求导向的发展新阶段。很多行业特色型大学在推动内涵提升、特色发展、治理现代化等多重建设任务时，都明确提出要通过打造一流的特色学科，以特色带动学校创新能力的提升，努力建设特色鲜明的高水平大学。

以强化办学特色带动高水平大学建设是涉及办学模式转变、发展理念更新、体制机制重构、实践路径创新等方面的综合性工程。从这个意义上讲，以政产学研用紧密结合为抓手，主动融入国家发展大势，聚焦发展定位，对于行业特色型大学的可持续发展具有重要意义。

1. 政产学研用紧密结合是行业特色型大学适应国家发展形势的战略选择

大学作为人才第一资源和科技第一生产力的重要结合点，承担着人才培养、科学研究、社会服务、文化传承创新、国际合作等职能。行业特色型大学特色发展的一条重要经验就是，主动适应国家战略需求，加强产学研合作，融入行业发展。这也是高等教育发展"适应需求和引领需求"规律在行业特色型大学发展中的重要体现。

无论是国家"五位一体"总体布局和"新五化"发展新要求，还是国家加快产业转型升级进程、打造"中国制造 2025"等国家新战略需求，都要求行业特色型大学将政产学研用紧密结合作为战略选择，激活协同创新内生动力，使行业特色型大学真正成为行业高端人才的聚集器、行业科技创新的倍增器、文化传承创新的推进器，支持创新驱动战略和人才强国战略。

习近平总书记提出，要扎根中国大地、建设世界高水平大学。扎根中国大地，最核心的一点是要坚持中国特色的大学发展道路，把"服务国家战略"作为大学的价值目标和创建世界一流的必然路径，以服务求支持、以贡献谋发展，在服务国家战略中培育一流人才、创造一流成果、作出一流贡献。

教育部明确提出在新的发展阶段，要引导高校建立以行业需求为导向的专业结构动态调整机制，加快亟需人才的培养；进一步创新人才培养机制，推进与行业协同育人；进一步加强合作共建，探索行业人才培养联盟运行的长效机制，完善协同育人机制。

近年来，教育部先后会同有关行业主管部门在法律领域、农林领域、气象领域、新闻领域等推进卓越人才计划实施，不断强化政策的导向作用，要求行业特色型大学深入探索政产学研用一体化办学新路径。例如，2013 年全国高等农林教育改革工作会议明确提出，"合力推动高等农林教育与农林业发展的紧密结合……努力构建协同创新体制机制……全面提升为农输送人才和服务能力"，并强调"建立政产学研用一体化、良性互动、协同发展的长效机制，推动行业院校为区域经济社会发展和现代化服务……着力推进协同创新，提升农林科技支撑能力。"

2. 政产学研用紧密结合是行业特色型大学构建现代大学治理体系的重要制度设计

党中央对现代大学制度建设作出了明确部署。《国家中长期教育改革和发展规划纲要（2010—2020 年）》提出，"建设依法办学、自主管理、民主监督、社会参与的现代学校制度，构建政府、学校、社会之间的新型关系。"十八届三中全会关于全面深化改革决定要求深化教育领域综合改革。行业特色型大学在内的高等院校必须加快推进教育治理体系和治理能力现代化，建立"宏观调控，市场调节，社会参与，依法办学，科学管理"的办学机制和管理体制。

大学是学术性存在与社会性存在的有机统一体。大学治理体系是国家治理体系在大学管理领域的拓展延伸，强调多元参与、融合互动、倍增提升，是大学内外整合资源，推动教学体系、科研体系与社会需要对接，创新办学模式的新契机。行业特色型大学必须按照现代大学制度建设的要求，更多以协同创新推动政产学研用紧密结合，主动融入社会，面向社会办学。从这个角度讲，政产学研用结合，是行业特色型大学面向社会开放合作教育价值导向的具体体现，符合教育规律，适应社会发展需求。

大学章程是现代大学治理体系建设的制度核心和基础。据不完全统计，目前包括清华大学、中国人民大学、北京林业大学在内的众多高等院校都在章程中明确了推进产学研协同创新、加强社会服务的内容。例如，清华大学章程中明确"学校面向国家战略需要和世界学术前沿，自主开展科学研究、社会服务、文化传承创新活动，推进产学研协同创新和成果转化"；中国人民大学在其章程中明确"学校利用自身优势和办学条件，通过多种方式服务社会，推动协同创新"等。其他行业特色型大学也都在章程中高度重视政产学研用办学模式的机制化建设，提出了具体的目标导向。

因此，行业特色型大学需要以大学章程为指引，通过科学合理的制度创新和组织设计，使得政府、市场、社会的各方合有效资源顺畅进入大学，释放大学的人才培养生产力与科学研究创造力，提高行业特色型大学综合改革的系统性和协同性。从这个角度来看，深化政产学研用协同创新是行业特色型大学与社会深度融合发展的长期制度安排，更已是现代大学制度创新的重要方向之一。

二、行业特色型大学开展政产学研用一体化合作问题和对策建议

近年来，在国家协同创新战略的总体部署下，教育部与各行业部门、大学所在省市开展高校共建工作。行业特色型大学主动对接行业需求，广泛开展政产学

研用一体化合作，呈现出一系列阶段新特征。

1. 政产学研用一体化合作的比较优势正在逐步呈现，但发展存在不均衡的现象

在"985 工程""211 工程"、国家优势学科创新平台、本科教育质量工程等项目牵引下，很多行业特色型大学在学科建设、教学资源拓展等方面都取得极大的进展，为开展政产学研用一体化合作积累了优势。行业特色型大学在面向社会办学、服务行业需求的过程中，围绕行业发展调整学科面向、整合学科资源，学科集群建设程度进一步提高，建设了一批特色优势学科，如北京林业大学的林学、风景园林；北京科技大学的材料、冶金；中国农业大学的作物学、农业工程；中国石油大学的石油与天然气工程，在国内领先具有较高的国际影响力。同时，行业特色型大学充分利用国家教育建设投入，推动科技资源和平台资源的整合利用，建设了包括国家重点实验室、国家工程实验室、国家级大学科技园等在内一批开放合作的科研创新平台、产学研平台和特色智库，成为行业特色型大学深化政产学研用一体化合作的重要平台保障。

与此同时，行业特色型大学的建设也呈现出差异化发展的趋势。从行业类型来看，大工业类行业高校由于其行业面更广阔，科研平台开放性更高，对接行业更加紧密，创新资源汇聚更加高效；而农林高校具有事业周期长、国家公益性等特殊属性，人才培养和科学研究与需求发展衔接不紧、社会服务能力不强等现实问题相对突出，需要统筹市场机制和非市场机制，推动全方位的合作，赢得更加多的国家、行业、市场等资源。从区域来看，中西部高校由于高等教育基础相对薄弱，与经济发达地区相比，该区域的行业特色型大学的人才培养面向有待拓宽，学科建设实力有待提升。

2. 推进政产学研用一体化合作的模式更加多样化

不同类型的行业特色型大学在不同历史时期立足校情，内外聚合创新资源，实施多样化的政学、产学、学研、学用结合，形成了一批具有示范效应的合作模式。如农林高校一直有围绕"三农"问题，发挥优势，推动产学研结合的优良传统。改革开放以来，河北农业大学引导教师扎根农村的太行山道路、西北农林科技大学农科教合作，以及北京林业大学教学科研生产三结合等都在社会上产生了良好的反响，辐射带动作用明显。

自 2012 年《高等学校创新能力提升计划》正式启动实施以来，截至 2013 年年底，已有 300 余所高校按照"2011 计划"的要求开展了不同形式的协同创新，150 所高校共同成立了协同创新中心。有关行业高校从高校办学服务面向与国家战略、产业转型、行业发展对接的角度出发，从创业型大学建设、国家大学科技园建设、人才培养模式创新、科研组织形式、协同创新运行机制、科教协

同育人计划等不同侧面，进行了深度的政校结合、校院结合、校企结合、校校结合。从国家先后认定的三批国家级协同创新中心的情况来看，坚持人才、学科、科研三位一体，促进高校形成一批优秀创新团队，培养一批拔尖创新人才，产出一批具有标志性的创新成果，成为"2011 计划"建设的重要特点。

3. 以组建联盟为纽带，集团化推进政产学研用一体化合作成为新的趋势

近年来，行业特色型大学努力形成协同合力，尝试了不同类型大学的联盟和不同学科的联合，发挥各自优势，建立跨专业、跨学科、跨行业、跨区域的协同创新平台。如北京高科大学联盟的探索就给予行业特色型大学政产学研用发展以积极的借鉴意义。

北京高科大学联盟由哈尔滨工程大学、北京邮电大学、北京科技大学、北京交通大学、北京化工大学、北京林业大学、华北电力大学、西安电子科技大学、中国地质大学（北京）、中国矿业大学（北京）、中国石油大学（北京）11 所高水平行业特色型大学高校发起，联盟高校的学科涵盖了电子信息、网络与通信、铁路公路交通、新型材料、化学化工、电力系统、地质、矿业、石油、林业、造船业等重要工程领域。自联盟组建以来，围绕"发挥特色优势、推进资源共享、加强协同创新、促进人才培养"的宗旨，结合京津冀协同发展及国家重大产业布局规划，推进高校与高校、高校与科研院所、高校与行业企业等主体间的协同创新。2013 年联盟与河北唐山市开展了政产学研对接，加快高校技术转移，融入京津冀区域经济社会发展。通过这种跨校联盟的组建，行业特色型大学努力形成集群效应，支撑国家支柱产业、战略性新兴产业的关键技术创新，集成解决交叉领域和新兴领域发展中出现的重大科技问题，探索工程技术拔尖创新人才培养模式，取得了一定效果。

4. 制约政产学研用一体化合作的深层次问题亟待破解

随着高等教育改革进入深水区，行业型高校面临原有行业部门的资源支撑渠道不畅，学校服务行业的深度和广度还不够；自身专业特色优势削弱，核心竞争力不足；人才培养的特色、科技创新能力和社会影响力下降等困境，制约政产学研用合作的深层次矛盾也逐渐显露，"依托行业而产生、服务行业而发展"的基本格局面临新的挑战，大学自身的发展以及对行业的支持与服务功能亟待重新定位。目前存在的深层次问题集中在几个方面：

（1）行业特色型大学服务国家重大战略的贡献度亟待提升，与行业的深入融合不足、支撑能力不强

与综合型大学相比，行业特色型大学在科研影响力和科研团队建设方面存在一定程度的先天不足，造成了行业特色型大学"顶天"的科研相对缺乏；行业特

色型大学与行业和市场的融合不足，支撑能力不强，科学研究成果转化和生产效能不高，直接制约了服务国家重大战略的实施效果。

（2）育人特色不鲜明，协同育人机制存在短板

由于行业院校部分人才培养的目标与行业需求存在错位，专业设置和就业状况对接不精准，经济管理类、计算机类、人文学科类等学科的特色不鲜明，学科设置呈现同质性、模仿性的特征，不仅分散了行业特色学科的办学资源，削弱了自身的特色优势，降低了行业特色学科人才的培养质量，更造成非行业特色学科的人才培养与社会需求脱节，无法与综合型大学的同类专业竞争，学生就业的竞争力较低。

另外，人才成长所依托的主体，包括高校、科研院所、骨干企业等，不再由政府归口管理，客观上造成了主体目标分散、同质化竞争加剧，由此带来了高校有效对接行业创新战略的需求不足、为行业培养专业人才的能力不高、行业企事业单位与高校联合培养人才的制度约束减弱、人才培养实践环境变差等问题，严重影响了特色学科行业人才的成长环境。从协同创新合作的整体情况来看，大学与行业的合作存在学校一头热的局面，行业参与积极性不高、深度互动发展不够，共建措施存在虚化、落实和实质推动不力等问题。

（3）行业特色型大学面向产业的技术创新不足，创新链条建设有待完善

行业特色型大学现有的科研创新体系的整体组织结构，被过度分割为研究板块和任务板块，企业、大学以及科研机构之间的协作网络有待构建，科技资源的转化率较低，较难发挥对行业需求的协调服务作用，需要从学科专业设计、人才培养体系、科研制度等方面，创建更加灵活的科研创新体系，注重政产学研用的交叉融合和协同推进。从国家创新来看，仅靠市场机制和企业自身努力也无法构建创新体系。必须充分发挥政府的规划、布局、组织和协调作用，利用"举国体制"的优势，有选择地搭建一批共性、关键技术的研发平台，尽快抢占科技创新制高点。

实现行业与大学的协同创新共同发展的核心是利益共享，否则不会形成大学与行业的协同创新驱动，不会产生创新的效益。总而言之，与协同创新的要求相比，行业特色型大学政产学研用一体化在适应国家战略、行业需求和社会实际，突出学校的办学比较优势，模式创新及运行机制完善等方面，必须借鉴吸纳国内外先进经验，进行整体设计和整体推进，特别是体制机制改革上下功夫，助推政产学研用一体化的办学模式改革向提效增质的新阶段发展。

三、林业高校实现政产学研用一体化发展的路径思考

林业大学是行业特色型大学中较为特殊的一种类型。改革开放40多年来，

我国高等林业教育共培养毕业生 65 万多人,办学规模持续扩大,结构不断优化。2013 至 2014 年度,全国共有林科研究生教育的学校和科研院所 157 个、本科林科教育普通高校 242 所,在读林科研究生 1.95 万人、本科生 5.65 万人。

当前,高等教育已由"稀缺资源"进入"选择资源"的竞争发展阶段。林业高校办学基础薄弱,公益性特征明显,办学资源有限;人才培养、科技创新和学科建设面临综合性大学的挑战;总体生源质量虽然保持稳定,突出拔尖的生源减少,就业质量不稳定。加之林业事业的周期长、国家公益性等特征,需要统筹市场机制和非市场机制赢得更加多的国家、行业、市场等资源,以政产学研用合作为纽带,解决林业人才培养与需求脱节、科研与行业脱节、社会服务能力不强等现实问题。

1. 坚持深化综合改革,全方位推进政产学研用一体化办学模式构建

为从根本上解决以上问题,近年来,北京林业大学围绕实现国际知名、特色鲜明的高水平研究型大学的建设发展目标,以综合改革的理念,全方位推进政产学研用一体化办学模式的探索。

学校以人才培养模式改革、学科建设模式为动力,支撑开放自主、政产学研用、顶天立地的办学模式改革。在人才培养模式改革方面,以质量为本,重在制度创新,探索本科生培养与研究生培养有机衔接的人才培养模式,完善本科人才培养模式的系统框架和运行机制,开展研究生培养模式改革,将研究生培养与学科建设紧密结合。本科层次建立"梁希实验班""理科基地班",实施精英教育和"卓越农林人才教育培养计划",与科研院所协同育人,建立本研直升"3+2+X"模式,培养研究型创新人才。坚持本研衔接,探索建设富有特色的多维实践育人体系。

北京林业大学通过优化产业结构布局,初步形成以科技产业为重要纽带的政产学研用一体化平台。平台涉及创新创业服务体系、大学科技园区产学研合作技术创新体系、高新企业孵化、产学研合作人才培养体系等。学校建立的中关村生态环保产业园联合行业龙头企业,紧密围绕国家生态文明建设和生态环保行业发展需求,以"科技园区+科技创新+孵化+创投"的整体发展思路,重点建设龙头企业聚集区、产业关键技术平台、科技成果育成转化平台、创新人才培养平台、科技金融服务平台等。并积极促进与国家部委、地方政府紧密合作,推进产学研融合。截至 2013 年年底,共引进龙头企业 10 余家,包括北京东方园林股份有限公司、深圳铁汉生态环境股份有限公司、福建金森林业股份有限公司等 11 家龙头企业,在林业工程、生态修复、园林绿化、机械装备、苗木繁育等领域共同成立 11 家研究中心。

北京林业大学主动支撑服务区域发展和行业需求,建设多方共建的合作平台。学校已签约共建北林东升科技园、北林中捷大学科技园、北林辽宁林地经济示范基地以及陕西长安牡丹园等，拓展了学校产业发展空间。通过大学科技园的合作，学校与北京市门头沟区政府、延庆县政府达成合作协议。其中，学校将在辽宁省宽甸满族自治县国有泉山林场范围内建设"北林辽宁宽甸实验林场"，搭建政产学研用一体化科技创新，发展林地经济和人才培养的平台。北林东升科技园依托北林国家花卉工程中心、林木育种国家重点实验室等科研机构，将为东升镇生态产业发展提供技术支撑服务。

2. 坚持强化需求导向，加快政产学研用合作的平台建设和制度保障建设

《中共中央　国务院关于深化体制机制改革加快实施创新驱动发展战略的若干意见》中提出，要紧扣经济社会发展重大需求，着力打通科技成果向现实生产力转化的通道，着力破除科学家、科技人员、企业家、创业者创新的障碍，着力解决要素驱动、投资驱动向创新驱动转变的制约，让创新真正落实到创造新的增长点上，把创新成果变成实实在在的产业活动。

党的十八大以来，林业事业发展面临难得的战略机遇期。中央关于加快推进生态文明建设的意见，将自然生态系统保护和建设列为生态文明建设的重要任务之一，赋予林业更大的发展空间。建设生态文明，发展生态林业民生林业，必须依靠人才科技支撑为保障。

北京林业大学积极建立政产学研用协同创新机制，服务生态文明建设的战略需求。组织专家参与国家生态文明战略问题研究、国家林业发展战略规划、京津冀一体化建设等政策咨询，成为国家生态建设决策的重要智库。2013 年年底，学校与国家林业局共同牵头成立国家木材储备战略联盟，也是国家林业有害生物防治产业技术创新战略联盟的秘书处单位。学校连续 16 年实施中南海景观改造绿化工程，完成中华世纪坛环境设计等 600 多个项目。学校建有全国首个生态文明博士点、国家林业局生态文明研究中心、中国生态文明研究与促进会生态文明研究院，成为首批国家生态文明教育基地，连续多年参与举办生态文明国际论坛，发起成立中国青少年生态环保志愿者之家等组织，举办"绿桥""绿色长征"等绿色品牌活动。

针对行业特色高校产学研合作过程中容易出现信息不对称，人才需求与人才供给、技术需求和技术供给缺乏有效对接等问题，林业高校要建立由政府、学校、研究所、企业和用户联合的政产学研用合作信息平台，进而加强学校、科研单位和企业的信息沟通，努力实现人才、技术需求方和人才、技术供给方的无缝对接。

3. 坚持抢抓重大战略和区域合作契机，从治理体系层面推动政产学研用合作，主动参与林业高等教育的国际合作

政产学研用结合需要不同高校之间、高校内部不同部门之间、政府、企业、科研机构等国家创新体系不同主体的同步协调，联合互补；要求充分利用和盘活现有资源，集中优势资源建设跨学科的平台，同时积极对外拓展合作，弥补高等教育与社会生产实践和科研前沿的脱节。因此，林业高校构建多层次的制度化协同机制，是推动林业高校协同创新能力提升的关键。

林业高校要通过共建产学研联合体，采取项目联合开发型、基地试验合作型、技术入股型、技术咨询服务型等合作方式，共创技术创新型新业态。以大学科技园，培育院士领衔、专家教授主导、企业深度融合、大学生自主创业的多层面科技创新团队，推动成果孵化和产业化，探索技术转移的市场机制。

当前，世界范围出现新一轮提高教育质量的热潮，世界各国都在尝试打破高等教育的资源壁垒，建立开放共享、优势互补的高等教育新模式，世界科技创新模式正在由传统分散的以研究者个人兴趣为纽带的线性模式向跨区域、跨国别、跨组织的网格式、开放性模式演变。随着我国开放型经济的发展，全国共有 21 所农林类院校开展中外合作办学，与外方合作举办高等学历教育项目 58 个。中国农业大学签约成为欧洲生命科学大学联盟国际伙伴；南京农业大学发起组织了世界农业教育奖评选活动；北京林业大学发起成立了亚太地区林业校院长协调机制办公室，推动区域性林业教育交流合作。

面向未来，林业高校要加大与国外先进的高校和科研机构开展合作的力度；开设国际化课程，引入国际化师资，实施联合培养学位项目，国际交换生项目以及短期游学项目，深入开展国际合作，提高林业科教人才的国际化水平，培养具有国际视野的创新型林业人才。

（撰写人：田阳、欧阳汀、杨金融。本研究报告由田阳统稿，系 2017 年北京市高等教育教学成果一等奖"农林高校政产学研用协同创新人才培养模式的探索与实践"的阶段性成果）

第十章

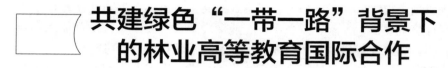

共建绿色"一带一路"背景下
的林业高等教育国际合作

中央办公厅、国务院办公厅《关于加强和改进新形势下高校思想政治工作的意见》明确指出，高校肩负人才培养、科学研究、社会服务、文化传承创新、国际交流合作的重要使命，这是中央第一次明确提出高校的国际交流合作使命，体现高等教育连接中外、沟通世界的新功能。以 2017 年"一带一路"国际合作高峰论坛召开为标志，共建"一带一路"进入发展新阶段，迫切需要高等教育发挥支撑引领作用。林业高等教育作为生态保护建设人才培养和科技创新的重要基地，需要以更加开放合作的理念，创新国际合作路径，主动参与共建绿色"一带一路"，促进林业高等教育大开放、大交流、大融合。

一、共建绿色"一带一路"林业高等教育国际合作空间广阔

共建绿色"一带一路"是生态保护建设、环境治理方面新的重要领域，教育是关键，人才要先行。需要深刻把握共建绿色"一带一路"的丰富内涵，从战略高度研判林业高等教育国际合作的发展机遇和面临的挑战。

从"一带一路"进程来看，绿色"一带一路"的基础性、先导性地位愈发凸显，迫切需要强有力的人才科技支撑。2015 年发布的《推动共建丝绸之路经济带和 21 世纪海上丝绸之路的愿景与行动》中明确提出，绿色"一带一路"建设的目标、路径，即突出生态文明理念，加强生态环境、生物多样性和应对气候变化合作，严格保护生物多样性和生态环境，共建绿色丝绸之路。2016 年，国家主席习近平在乌兹别克斯坦议会发表演讲，提出中国愿意和相关国家携手打造绿色丝绸之路。2017 年"一带一路"国际合作高峰论坛圆桌峰会联合公报更是提出，要围绕实现经济、社会、环境三大领域综合、平衡、可持续发展，加强森林、山地、旱地、海洋、淡水自然资源的可持续管理，保护生物多样性、生态系统和野生生物，防治荒漠化和土地退化，落实《巴黎协定》应对气候变化，丰富共建绿色"一带一路"的内涵。基于此，国家有关部门制定相应政策，积极支持共建绿色"一带一路"，对绿色"一带一路"的人才培养、科技支撑提出了一系列要求。2017 年 5 月，环境保护部、外交部、发展改革委、商务部等四部委《关于推进绿色"一带一路"建设的指导意见》指出，构建绿色"一带一路"智力支撑

体系，建设"绿色丝绸之路"新型智库；创新、完善人才培养机制，重点培养具有国际视野、掌握国际规则、熟悉环保业务的复合型人才，提高对绿色"一带一路"建设的人才支持力度。教育部《推进共建"一带一路"教育行动》专门强调，支持高等学校依托学科优势专业，建立产学研用结合的国际合作联合实验室（研究中心）、国际技术转移中心，共同应对经济发展、资源利用、生态保护等沿线各国面临的重大挑战与机遇。环境保护部、国家林业局等部委的"十三五"发展规划中对"一带一路"生态保护领域合作也进行相应规划。林业高等教育参与绿色"一带一路"建设，面临难得的政策红利。要高度重视林业高等教育对促进跨文化交流的重要功能，提高对外交流中的跨文化交往能力。

从"一带一路"相关国家情况看，林业高等教育互补性强，合作前景广阔。根据北京林业大学高教研究中心不完全统计，欧洲经济发达国家集中了瓦赫宁根大学、瑞典农业大学、德国哥廷根大学等一批世界顶尖林业高校；俄罗斯及中东欧地区国家林业高等教育体系相对健全，包括莫斯科国立林业大学等独立设置的林业大学和相当一部分设置林学系的综合性大学和农业大学。亚洲地区东盟、南亚、中亚林业高校分布差异性显著。东盟地区林业高校的地域性学科特色鲜明，中亚、南亚地区林业高校发展参差不齐。基于"一带一路"相关国家林业高等教育资源布局不均衡、发展水平差异大等实际情况，各国林业高等教育加强互鉴、互补、互促，共同助力绿色"一带一路"建设和全球生态治理合作，空间和舞台十分宽广。

从我国林业高等教育来看，已具备深层次、多角度参与绿色"一带一路"教育合作的基础。我国林业高校的部分特色优势学科国际影响力不断提升，截至2017年年底，共有植物学与动物学、环境与生态学等6个学科领域进入ESI学科排名前1%，涉及西北农林科技大学、北京林业大学、东北林业大学、中国林业科学研究院、福建农林大学。林业高校积极实施国际化发展战略，主导或参与了多类别"一带一路"教育合作模式，包括校际合作、区域性合作机制、教育联盟等多种形式，涉及人才培养合作、科技平台共建、人文交流活动开展、政策智库建设等（表10-1）。其中，以亚太地区林业教育协调机制、丝绸之路高等农业教育创新联盟等具典型代表性。已有的合作基础和制度化的平台载体将有力推动林业高校与"一带一路"沿线国家深化林业教育合作。

表10-1 林业高校主导或参与的"一带一路"教育合作模式

合作机制名称	发起院校	覆盖区域和参加高校	合作类别	合作形式和内容
亚太地区林业教育协调机制（2011年至2017年）	北京林业大学	加拿大不列颠哥伦比亚大学、马来西亚普特拉大学等亚太地区20多所知名的林业高校	联盟	开展创新型教育合作项目；举办大型国际学术会议；推动亚太地区林业可持续发展

（续）

合作机制名称	发起院校	覆盖区域和参加高校	合作类别	合作形式和内容
丝绸之路高等农业教育创新联盟（2016年至2017年）	西北农林科技大学	中国、俄罗斯、中亚、南亚、西亚、非洲、欧洲等丝绸之路沿线12个国家的59所高校和科研机构	联盟	定期举办"丝绸之路农业教育科技合作论坛"；鼓励各个成员联合建立教育科技机构、科技创新平台、技术推广基地和丝路文明交流中心
海上丝绸之路可持续发展研究院（2016年至2017年）	福建农林大学	以国内研究机构为主，包括国务院发展研究中心、北京林业大学、中国人民大学、中央文史研究馆、复旦大学、中国农业大学等单位	智库	建立互联互通的智库成果发布平台；定期汇编《海上丝绸之路可持续发展智库成果专报》《海上丝绸之路可持续发展智库成果内参》；举办培训和宣讲等成果发布活动
北京高科大学联盟—波兰科技大学校长联席会议（2016年至2017年）	北京高科大学联盟（北京林业大学参与）	北京高科大学联盟12所成员高校以及波兰科技大学校长联席会议6所成员高校	论坛机制	建立长期合作伙伴关系，建立定期论坛机制
亚太森林组织昆明培训中心	西南林业大学	—	培训机构	面向东盟开展人才培训

注：数据截至2017年年底。

但是挑战与机遇并存。绿色"一带一路"林业教育合作仍处于发展的初级阶段，面临很多亟待解决的问题，对"一带一路"的支撑力度有待加大。突出表现在对接国家需求不足、国际化人才培养滞后、合作办学项目不多、涉林学科专业留学生规模偏小、高水平科研合作平台构建不足、高校智库作用发挥不够。以林业高校合作办学为例，截至2017年2月，资料显示，林业高校只有1个合作办学机构、18个本科合作办学项目，只涉及英国、美国、加拿大、俄罗斯、澳大利亚7所高校的15个专业，硕士及以上中外合作办学机构与项目尚为空白，与耶鲁大学林学院等国际一流高校、一流涉林学科专业的深度合作有待突破（表10-2）。从外部来看，"一带一路"沿线区域林业生态保护合作机制和教育人文交流机制的搭建还刚刚起步，加之对区域林业教育资源布局、质量等系统研究不多，合作形式以中外林业院校自发为主，合作机制缺乏政府层面的宏观指导和顶层设计，需要在形成合力、丰富模式等方面持续探索创新。

表 10-2 林业高校合作办学机构和项目统计

合作类别	校外合作高校	林业高校	合作内容/专业
合作办学机构 （1个）	英国班戈大学	中南林业科技大学	招收在校生 800 人（每年 1 期，每期招生人数：林学专业 30 人，电子信息工程专业 60 人，金融学专业 55 人，会计学专业 55 人）
本科合作 办学项目 （18个）	美国密歇根州立大学	北京林业大学	草业科学专业本科项目
	美国蒙哥马利奥本大学	中南林业科技大学	环境科学专业本科项目
	美国内布拉斯加林肯大学	西北农林科技大学	食品科学与工程专业本科项目
	加拿大不列颠哥伦比亚大学	北京林业大学	木材科学与工程（木材加工）专业本科项目
			生物技术（森林科学）专业本科项目
		南京林业大学	林学专业本科教育项目
			木材科学与工程专业本科项目
		浙江农林大学	林学专业本科项目
		福建农林大学	生态学（自然资源保护）专业本科项目
	加拿大戴尔豪西大学	福建农林大学	农业资源与环境专业本科项目
本科合作 办学项目 （18个）	加拿大戴尔豪西大学	福建农林大学	园艺专业本科教育项目
			风景园林专业本科项目
	俄罗斯符拉迪沃斯托克国立经济与服务大学	东北林业大学	法学专业本科项目
			会计学专业本科项目
			农林经济管理专业本科项目
			信息管理与信息系统专业本科项目
			国际经济与贸易专业本科项目
	澳大利亚南昆士兰大学	浙江农林大学	旅游管理专业本科项目

注：数据截至 2017 年 2 月，数据来源：教育部中外合作办学监管工作信息平台（http：//www.crs.jsj.edu.cn/）。

二、支撑绿色服务"一带一路"建设的林业高等教育国际合作创新路径

林业高校创新林业高等教育合作路径，要围绕"推进民心相通、提供人才支撑、实现共同发展"的合作愿景，主动对接国家有关部委绿色"一带一路"政策资源，把握人才培养主阵地作用、科技创新主力军作用、人文外交桥梁枢纽作用的角色定位，将国际交流合作与人才培养、科学研究、社会服务、文化传承创新紧密融合，探索更多的合作模式，支撑服务共建绿色"一带一路"。

1. 坚持教育创新、绿色发展的林业高等教育合作理念

开放合作、和谐包容、互利共赢等理念，是共建"一带一路"突出强调的新理念、新思路。强化林业教育合作、支撑共建绿色"一带一路"，必须要坚持理念创新先行，立足林业教育的特点，突出把握教育创新、绿色发展两大重点新理念，将其贯穿和渗透于支撑共建绿色"一带一路"的全过程。

创新是世界教育发展的重要主题。教育创新涉及教育理念更新、教育结构优化、教育方法手段丰富、教育资源共享等各个方面，其中人的全方位培养创新是核心要义。林业教育的合作要立足发挥教育培养人才在打通人脉、互通人心等方面的深层次作用功能，促进"一带一路"生态保护建设合作，规避文化领域利益冲突。要摒弃单向输出思维的既有束缚，坚持共建共享，充分利用各林业高校的自身优势，推动林业教育合作从简单的相加到深度相融合转变，以体现林业教育合作的互补性，真正实现合作共赢，构建起林业教育创新共同体，加强创新合作型人才的国际联合培养。要充分利用"互联网+"进行手段创新，与有关国家合作加快生态环保在线优质课程的开发进度，促进课程资源共享，创新生态保护人才培养模式。

绿色化是共建绿色"一带一路"的本质要求，涵盖生态基础设施建设、生态治理区域合作、生态保护技术创新、绿色金融资本建设、贸易绿色化发展等诸多方面。林业高等教育要将绿色理念贯穿人才培养和国际合作始终，突出林业学科专业特色，在森林培育和可持续经营、荒漠化防治、国际重要自然遗产保护、生物多样性保护、林业应对气候变化等关键领域，积极引领示范绿色发展，实现绿色发展目标与可持续合作行动的一致性。

2. 厘清共建绿色"一带一路"林业高等教育合作的重点领域

坚持需求导向，立足林业高校实际，找准切入点，厘清合作重点领域和方向，增强支撑服务的匹配度，是推动共建绿色"一带一路"林业高等教育合作的基础和前提。

　　人才培养是共建绿色"一带一路"的关键支点，也是林业高等教育合作的根本立足点和优先领域。林业高校要精准对接生态产业互联互通、生态治理区域合作等需求，多学科交叉融合重点培养生态领域创新创业人才、生态环保国际组织人才、林业亟需领域专业人才、海外高端人才，要着力提升人才的国际化管理水平、跨文化沟通能力以及对"一带一路"国家生态保护政策法律规则的熟练掌握程度。要以在世界领域有影响的林学、水土保持、风景园林等特色优势学科为载体，深化合作办学、开办海外分支机构，在"一带一路"相关国家本土培养林业人才；积极利用国家和各省、市的丝绸之路奖学金项目，吸引"一带一路"沿线国家的林业人才来华留学，提高培养层次，增强林业高校的国际区域影响力和知名度；发挥高校优势，参与国家生态领域对外援助技术培训，面向官员、企业、产业和实践者加强绿色"一带一路"相关培训，完善绿色"一带一路"培训体系。

　　加强科技创新合作是共建绿色"一带一路"的重要支撑。我国林业高校建设一批林业相关重点实验室、协同创新中心、生态定位站，参与一批林业国际科研合作项目。林业高校要以平台、项目为牵引，针对"一带一路"相关国家林业特色资源开发利用、干旱地区荒漠化防治、沿海岛礁生态修复和防护林体系构建等科技重点，与相关国家高校合作成立国际、区域联合实验室，共建生态定位监测网络体系，促进生态科技信息共享，打造林业科技国际合作示范样板。林业高校要围绕绿色"一带一路"政策沟通的重要领域，建立新型高端智库，加强林产品采伐及贸易、森林资源保护开发、热带雨林和国际湿地保护、重要自然遗产联合保护等"一带一路"相关国家林业生态法律政策热点敏感问题的前瞻咨询研究，进行"一带一路"国家生态文明建设情况评价，提出学术性、专业化、建设性的政策建议，为促进政策沟通提供支撑，助力绿色公共外交，提升生态软实力，发挥高校在对外传播等方面的人文交流合作优势，是共建绿色"一带一路"人文交流合作的应有之义。林业高校要以促进生态环保领域民心相通为目标，拓展合作领域，创新合作载体，主动承担倡导"一带一路"绿色发展的责任与使命。一方面，要坚持学术为本，着力搭建多元化的绿色"一带一路"学术对话平台，广泛开展生态文明研讨活动，在各个层面广泛凝聚绿色合作发展共识。同时，要重点面向"一带一路"相关国家的青年大学生，开展共建绿色"一带一路"等主题大学生绿色夏令营，积极营造"一带一路"可持续发展的友好氛围。要注重发挥林业高校的外语学院等教学组织优势，打破语言壁垒，突破语言障碍，开展英文化林业特色课程建设，解决教育教学国际化层次不高的问题。同时，坚持贯通中西，坚持双向传播，对内传播外国故事，对外讲好中国故事，向世界展示中国。

3. 探索多元主体协同创新、深度融合的合作新机制

　　"一对一"校际合作伙伴关系是基础，需要巩固成效、拓展深化。近年来，

林业高校与"一带一路"沿线国家高校的校际合作蓬勃发展，各具区域特色。各林业高校要夯实"一对一"校际合作伙伴关系的基础，推动合作从点向面拓展，重点开展学生交换互访机制化、在线课程合作共享化、科技合作融合化、文化传播双向化等合作新模式，取得更多双赢合作成果。

多主体协同联合的区域性联盟合作是新增长点，要主动创新。林业高校应按照整合资源、优势互补的原则，汇聚创新资源，促进"一带一路"林业高等教育系统的学术创新、知识传播和技术孵化。可通过召开国际性研讨会，成立区域合作研究中心、联合研究机构、技术转移中心，共建林业技术创新联盟、科技示范园区和基地等方式，推动合作研究与创新。要针对林业生态保护建设、林业产业开发和资源利用等重点领域，有组织、有规划地与我国生态环保龙头企业、国际生态环保组织等，共同建立政产学研用结合的机制化人才和产业国际合作平台，探索"一带一路"绿色发展的新路径、新模式。林业高校要有学术创新上、技术创新中、产业结合下游结合的创新思路，主动与生态治理企业联合，对接一带一路基础设施建设的生态保护，搭建企业、高校联合的技术平台。

三、深化林业高等教育合作需要关注的几个问题

共建绿色"一带一路"是促进林业高等教育国际化发展的重大机遇。林业高校要推动合作取得实效，必须要立足当下，着眼长远，认真解决相应的重点问题。

1. 政府部门要加强宏观指导

亟需政府层面多部门联动建立协调、扶持和激励机制，大力支持高校围绕绿色"一带一路"加强中外合作办学、科技合作和人文交流，形成支持合力，促进林业高等教育全面开放、全面合作。建议教育部将绿色"一带一路"建设纳入国家政府奖学金设置重点领域，向林业特色专业学科倾斜。建议国家有关部门支持林业高校建设面向绿色"一带一路"领域国际合作实验室平台，设立林业教育合作基金，建立林业教育合作联盟，开展富有特色的林业教育和人文交流活动。

2. 加强林业教育合作的基础性工作

要尽快组织力量系统梳理"一带一路"相关国家林业发展情况、林业高校科研机构发展现状和相应基础数据，形成体系化的研究本底数据库，实现信息互联互通，为深化合作提供参考借鉴。建议充分发挥中国林业教育学会等学术性组织的桥梁纽带作用，可通过定期编纂"一带一路"相关国家林业教育发展白皮书、组织林业教育创新国际研讨会等方式，开辟第三方合作推动新渠道。

（撰写人：田阳。本研究报告系由发表于《高等农业教育》2017 年第 4 期的《"一带一路"背景下的林业高等教育国际合作》完善而成）

第十一章

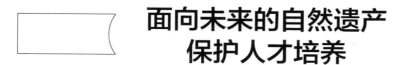

面向未来的自然遗产
保护人才培养

　　我国是全球排名第二的世界文化和自然遗产大国。2018 年，随着以国家公园体制为核心的九大自然保护地统一归属管理，新的自然遗产地管理体系正在加紧构建之中。在新时代，推动自然遗产保护，抓好人才培养基础性工作更为迫切，关系长远。我国理应在夯实人才培养基础上，进一步推动自然遗产保护人才的培养和科技创新的发展，继续在深化文明交流互鉴等方面走在前列。

一、提升对自然遗产保护重要性的认识

　　国家主席习近平在 2019 年 5 月召开的亚洲文明对话大会上指出，世界上有200 多个国家和地区、2500 多个民族，每个国家和民族文明的孕育和发展都与其自然地理、基本国情、生产生活方式等密切相关，各种文明都在长期的历史积淀中形成自己的深厚底蕴。文化与自然遗产是人与自然相互作用并保存下来的重要文明印迹，是体现人类文明积淀的生动载体。联合国《2030 年可持续发展议程》首次将文化作为可持续发展的推动力纳入国际发展框架中，并明确世界遗产作为文化的主要载体之一将在 2030 年议程的主要目标之一"建设包容、安全、有抵御灾害能力和可持续的城市和人类住区"中发挥重要作用。

　　根据统计，列入联合国教科文组织《世界遗产名录》的共有 1 092 项，分布在167 个国家，其中世界文化遗产 845 处，世界自然遗产 209 处，世界文化与自然双重遗产 38 处。根据《中国世界自然遗产事业发展公报》，中国是 30 年来全球世界遗产数量增长最快的国家之一，世界自然遗产地数量多、类型多。2018 年，梵净山在第 42 届世界遗产大会获准列入世界遗产名录后，我国已拥有世界遗产53 项，世界遗产总量位居意大利之后列世界第二位，其中拥有世界自然遗产 13项，自然与文化双遗产 4 项，数量位居全球第一。黄山、泰山、峨眉山-乐山大佛、武夷山是世界文化与自然双重遗产。

　　随着国家机构改革的推进，林业草原部门承担了自然生态保护修复、国土绿化造林、各类自然保护地管理等多项职能，是自然遗产保护的重要阵地。自然

遗产研究保护功在当代、利在千秋。进入新时代，我国林业高校对自然遗产研究与保护还处于起步阶段，面临一系列重大机遇与挑战，迫切需要政府、学界和社会的高度关注、切实支持和协同合作，共同将自然遗产研究与保护实践和人才培养列入林业和草原发展的重要任务，切实抓紧抓好。

二、自然遗产人才培养和科学研究有待强化

自然遗产保护研究领域广泛、工作任务复杂，涉及学科众多，需要整合各方优势学术资源，主动在宏观政策制定、理论体系构建、科研成果转化和推动实践创新等方面，有所作为。林业高校要抢抓机遇，坚持多学科、多领域联动，尽快启动各类自然保护地的林业文化自然遗产底数清查、挖掘林业文化自然遗产科学价值、建立健全发掘和保护机制等研究，更好地支撑文化自然遗产保护事业。

加强自然遗产资源的挖掘、保护、管理和利用面临一系列的挑战，一方面是政策顶层设计不够、法律制度有待、保护能力建设不足等，更重要的是人才队伍基础薄弱、能力不足，这是诸多挑战中的关键所在。

根据国家林业和草原局发布的信息，我国各种遗产地管理机构共有管理人员超过 10 630 人，其中专业技术人员占 18%，专门从事科研工作的人员仅有 200 多人。20 多处遗产地建立了执法队伍，拥有执法人员 1 055 人。但是与成体系的文化遗产保护人才培养相比，我国的自然遗产保护人才培养和队伍建设基础相对滞后，尚处于起步发展期。经过多年的建设，文化遗产保护人才培养体系逐步完善。2016 年，参与非物质文化遗产教育培训的高校达到 57 所，形成以艺术史、考古学，或以建筑学、民俗学为依托，多研究领域培养文化遗产保护专业人才体系，相关本科专业点共有 251 个，在校生总数约 3.6 万人。文化部联合教育部还启动非遗传承人群研修研习培训计划。对于自然遗产人才培养，仅有部分院校在自然资源类、风景园林类等少数专业学科中有所涉猎，且较为零散、不成体系，关于人才培养的基础性、系统性研究不足，人才培养、科学研究和实践运用衔接不够紧密，距离建立完备自然遗产学科和人才培养体系的目标相差甚远，国家需求和保护任务很不相称。

与此同时，欧美国家健全的自然遗产人才培养体系，也为我们推进自然遗产人才培养提供参考和借鉴。例如，法国建立了遗产保护教育与实践体系，着力培养遗产建筑师和掌握遗产保护政策法律话语权的遗产保护官员。诸多法国大学采取设置职业型学位专业、开设独立课程的"一主一辅"等模式，培养学术背景多元，理论素养、专业技能和多语言能力兼具的应用型、管理型和综合型遗产保护人才。根据美国高等教育指南，美国分别有 38 所和 26 所高校开设遗产保护专

业、历史保护专业；美国相当一部分林学院已经拓展为自然资源学院，如伯克利自然资源学院、北卡州立自然资源学院等，这些学院更加注重多学科交叉下的生态系统管理，更加注重自然遗产的可持续保护利用。

三、构建自然遗产保护人才培养体系的思考

我们要把握国家推动自然保护地统一管理的重大机遇，从国家需求维度重视自然遗产保护人才培养问题。自然遗产保护涉及领域的多元化、工作内容的复杂性，更加需要多学科交叉的人才培养体系作为支撑。从实践来看，自然遗产保护管理涉及六大方面：遗产资源本底及管理现状评价分析；重要资源、生态环境和人类活动的监测管理；旅游活动管理与建设控制；遗产展示与解说教育；社区参与和协调发展；科学研究、能力建设与实施保障。这些任务的完成无不需要高素质人才的支撑保障。

为此，我们提出建议：要立足国家需求、学科构建和人才培养一体发展的内在逻辑，积极借鉴国内外其他遗产领域的实践经验，坚持学科建设和人才培养一体化推进的思路，整体推进自然遗产保护人才培养，加快构建林业特色的文化与自然遗产保护教育体系。

1. 强化自然遗产保护人才培养的宏观引导政策协同

统筹考虑自然遗产申报、保护和利用各链条人才需求，以自然遗产集中统一管理为契机，联动教育部门，形成加强自然遗产保护人才培养的政策协同、管理协同。我们可喜地看到，越来越多的教育科研机构、学术组织主动发挥优势，参与遗产教育传播。中国林学会已发起成立自然与文化遗产分会，凝聚各方智力推动遗产保护利用。在原有诸多文化遗产研究机构的基础上，北京林业大学等涉林高校先后依托"双一流"学科建设，成立跨学科融合的文化与自然遗产研究机构，推动遗产保护人才培养和科学研究。建议文化和旅游部、国家林业和草原局等遗产保护管理机构要进一步支持高校、科研机构立足人才培养、科学研究、社会服务、文化传承、国际交流等，加强文化与自然遗产保护利用相关专业和学科建设，补齐科学传播教育的人才、科研短板，促进文化与自然遗产保护知识的广泛传承和社会化共享。

2. 建立具有中国特色的自然遗产保护教育和人才培养体系

对接遗产保护实践体系，需要重视跨领域、跨部门的合作，适应自然遗产保护多学科、跨专业、交叉性的特点，立足复合型、应用型和国际型人才培养目标，开办相关专业或专业方向，推进自然遗产保护人才的课程体系设置、教学方式创新、学科体系建构等理论实践探索，建立具有中国特色的自然遗产保护教育

和人才培养体系，培养适应国家需求、富有国际视野、掌握科学知识、树立正确的遗产保护价值观，并有跨学科整合遗产保护知识与思想创新的高素质自然遗产保护专业人才。

林业高校要抢抓机遇，通过林学、风景园林、农林经济管理等特色专业与建筑学、艺术学、信息科学及社会科学资源的深度交叉融合，增设自然遗产保护专业方向，抢占自然遗产保护管理人才培养和科技创新的先机。

我国现有的世界自然遗产地共建立动植物保护、环境保护、地质科普等类型的教育基地 46 个，其中国家级教育基地 23 个。高校要注重把握遗产教育普及覆盖全体国民的要求，发挥示范作用，加强大中小学生的自然遗产保护理念与保护知识普及，挖掘自然遗产科学价值，推动文化和自然遗产教育进校园、进课堂、进教材，强化科学普及教育，提升教育传播的有效性、生动性、精准性，着力提升社会公众的遗产保护意识，为实现自然遗产的"全民参与保护"提供服务。

3. 多方位推进自然遗产教育的开放合作

联合国教科文组织在第 14 届世界遗产大会上提出了世界遗产教育规划，并连续举办国际世界遗产青年论坛，推出世界遗产全球化教育项目，自然遗产教育和人才培养国际合作空间广阔。

我们要重视自然遗产教育国际合作机制的建立，充分利用我国推动亚洲文化遗产保护行动体系的契机，充分发挥教育的人文交流功能，大力倡导互学借鉴理念，推动相关领域的国际交流合作，搭建面向国际林业高校和科研机构的资源与信息共享平台，对外传播中国林业文化与自然遗产好声音，拓展国际合作的深度和广度，助力我国林业文化与自然遗产保护研究走向国际。推动中国自然遗产保护与世界同步发展，促进文明之间各美其美、美美与共，人与自然和谐共生。

走向社会主义生态文明新时代，文化与自然遗产保护要先行。自然遗产保护的人才培养事关"美丽中国建设"的长远目标。我们应共同努力，以科学研究为切入，以人才培养为基础，以有效传播为动力，承担起为新时代生态文明建设培养自然遗产保护人才培养的历史使命。

（撰写人：田阳。本研究报告部分内容载于《中国绿色时报》《科学时报》）

第十二章

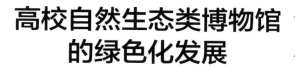

高校自然生态类博物馆
的绿色化发展

　　2019 年 5 月 18 日是第 42 个国际博物馆日。国际博物馆协会（ICOM）发布博物馆日活动的主题为"作为文化中枢的博物馆：传统的未来"（Museums as Cultural Hubs：The Future of Tradition）。当前，博物馆的社会功能正被重新定义，博物馆既是教育场所，又是文化中介，理应以更少浪费、更多合作，以尊重生存体系的方式使用资源，发挥博物馆在提升公众可持续发展意识方面的独特促进作用。面对生态文明建设的新形势、新任务，笔者提出，涉林涉草高校要结合学科特色，加强自然生态类博物馆建设，推动博物馆绿色化发展方面主动发挥引领示范作用，更好地履行博物馆的生态文化教育传播辐射功能。

一、高校自然生态类博物馆建设现状分析

　　根据统计，全国现有高校博物馆 300 多座，涉及自然科技与专题、文化历史、纪念等多个类型。涉林涉草高校在自然生态类的博物馆建设方面取得长足的进步，涌现出西北农林科技大学农林博物院、中国森林博物馆（哈尔滨）、北京林业大学博物馆等多个在特色博物馆。其中，西北农林科技大学农林博物院为国家二级博物馆，包括动物博物馆、昆虫博物馆、土壤博物馆、植物博物馆、中国农业历史博物馆 5 个专业博物馆和蝴蝶园、植物分类园、树木园及多种种质资源圃等。中国森林博物馆（哈尔滨）是我国第一家以森林为主题的博物馆，建于东北林业大学校内。该馆以中国现有 5 个林纲组、23 个林纲、185 个林型组和 580 多个林型为馆藏基础，设置"森林与自然界""森林与人类""美丽森林与生态文明"三个部分，是公众了解森林、珍惜自然的重要窗口。北京林业大学博物馆是综合标本收藏与森林濒危动植物特色展示为一体，承载教学育人、科学研究、科学普及和文化传承等任务的自然博物馆，建有 4 个展厅、6 个展室，收藏各类标本 33 万余份，是全国高校博物馆育人联盟的成员单位。西南林业大学木材标本馆整理鉴定珍藏有 2000 余种标本，隶属 97 科 333 属 3 万余号，展示热带树种和国家珍稀树种之多均居全国之首，在全国木材标本馆中占有重要地位。

但是，与国家推进生态文明建设、加强全民生态文明教育的要求相比，涉林涉草高校的博物馆建设还存在不平衡、不充分的现象，特别是绿色化发展的水平有待提升。笔者认为，自然生态类博物馆要更加注重硬件建设的节能低碳化、教育社会服务功能的绿色化、管理运营理念的生态化，真正构建生态文化传统和现代生态文明之间的双向通道，实现与公众分享人类共同拥有的绿色文化资源。

二、推动自然生态类博物馆绿色化发展的思考

2019年，国家林业和草原局专门对开展自然教育工作作出部署，要求利用现有各种设施和场所，建立面向公众开放的自然教育体系。进入新时代，涉林涉草高校的自然生态博物馆要适应新要求，加快绿色化发展步伐。

基于博物馆绿色化发展具备的系统性、综合性特征，涉林涉草高校推动自然生态博物馆建设，必须立足山水林田湖草系统治理的理念，注重挖掘学科特色，重点在提升硬件建设的绿色辨识度，强化博物馆管理使用的节能低碳，打造以绿色科普为重点的博物馆馆藏特色，立足社会互动性的全方位开放，加快数字智慧博物馆的信息化改造提升等方面，进行持续实践。

1. 切实提升自然生态博物馆建设的绿色深度和绿色远度

依托高校林草学科特色与生态文明教育传播的优势，以重要生态系统保护、珍稀濒危物种保护、生物多样性保护等为重点，创新馆藏的主题、内容与形式，培育品牌教育活动，创新开发优质绿色科普资源，灵活提供多样化服务项目，加强博物馆绿色科普传播效果的评估，充分利用微博、微信等新媒体渠道，进行互动反馈机制，推动自然教育走向深入。

2. 注重采取"引进来""走出去"协同发展方式推进自然生态博物馆的绿色化发展

根据美国博物馆联盟《构建教育的未来：博物馆与学习生态系统》白皮书，博物馆教育具有浸入式、体验式、自我引导式、动手学习等优势。涉林涉草高校的自然生态博物馆要加大与各级林业草原管理部门、自然保护区、国家森林公园等的联合，更大范围地整合利用标本资源，优化丰富馆藏，形成特色。要积极采取联手创建自然生态博物馆联盟、联合开展生态保护主题纪念巡回展览、开展馆际业务交流、深入社区开展教育等方式，更好地激活社会公众教育功能。要用好全国高校博物馆育人联盟的协同平台作用，加大与国际博物馆协会大学博物馆与藏品委员会等国际组织、国内优秀自然资源类博物馆的交流合作，实现资源共享。

3. 自然生态博物馆的绿色化发展既要见物，更要见人

2002年，国际博物馆协会亚太地区第七届大会通过的《上海宪章》指出，博

物馆作为全面机构，是为公众全方位参与而营造的空间，也是通过整体性遗产管理实现的物质和非物质、移动和不可移动、自然和文化的空间，应当成为催化创造力的场所。为此，坚持人文理念，点面结合，物质与意识并重，动态性互动与静态性展示共融，搭建与社会公众的体验交流、合作沟通平台，是自然生态博物馆绿色化的应有之意。要借鉴梁希纪念馆、塞罕坝纪念馆等弘扬生态文明建设主旋律的经验，通过挖掘各种自然生态类展品的人文内涵，提高绿色志愿讲解、绿色导览服务等专业化水平，开发具有生态文化品位的博物纪念品，以"人"和"物"的有机结合实现涉林涉草高校自然生态博物馆绿色化水平的新提升。

（撰写人：田阳。本研究报告先后刊登于《中国绿色时报》《中国科学报》）

参考文献

《中共中央关于全面深化改革若干重大问题的决定》辅导读本编写组.《中共中央关于全面深化改革若干重大问题的决定》辅导读本[M].北京：人民出版社，2013.

北京林业大学."政产学研用"创新平台专题[M]//北京林业大学：北京林业大学年鉴（2014卷）.北京：中国林业出版社，2015.

北京林业大学.生态文明论丛[M].北京：经济日报出版社，2016.

伯顿·克拉克.高等教育新论——多学科的研究[M].杭州：浙江教育出版社，2002.

曹国永.创建世界一流行业特色大学的若干思考[J].中国高等教育，2013，12（3）：4-7.

陈建成.大学生生态文明教程[M].北京：中国林业出版社，2018.

陈润羊，花明，张贵祥.2017.我国生态文明建设中的公众参与[J].江西社会科学（3）：63-72.

陈宗兴.2014.生态文明建设：理论卷[M].北京：学习出版社.

董战峰，葛察忠，王金南，等."一带一路"绿色发展的战略实施框架[J].中国环境管理，2016，（2）：31-35.

樊阳程，严耕，吴红明，等.国际视野下我国生态文明的建设现状和任务[J].中国工程科学，2017，19（4）：6-12.

樊颖颖，梁立军.中国"绿色大学"研究进展及其分析[J].南京林业大学学报（人文社会科学版），2012，12（2）：56-60.

国家林业局.推进生态文明建设规划纲要（2013—2020年）[EB/OL].[2013-10-25].http：//www.forestry.gov.cn/portal/xby/s/1277/content-636413.html.

黄宇.可持续发展视野中的大学——绿色大学的理论与实践[M].北京：北京师范大学出版社，2012.

李冬梅.马克思主义生态文明思想的当代阐释[J].重庆社会科学，2018（5）：38-44.

李干杰.全面贯彻实施宪法大力提升新时代生态文明水平[EB/OL].[2018-03-14].http：//env.people.com.cn/n1/2018/0314/c1010-29866089.html.

李世超，苏竣.大学变革的趋势——从研究型大学到创业型大学[J].科学学研究，2006（4）：74-80.

刘珉."一带一路"与林业生态建设研究.林业经济[J].2016，（11）：22-29.

马德秀.必须推动"政产学研用"深度融合——从美国的"再工业化"反观中国的"创新驱动"[N].文汇报，2012-3-7（05）.

孟祥刚.课程设置在农林院校大学生未来职业发展中的作用[J].中国林业教育，2011（2）：30-32.

能源生产和消费革命战略（2016—2030）[R/OL].[2016-12-29].http：//www.ndrc.gov.cn/zcfb/zcfbtz/201704/t20170425_845284.html.

全国林业人才和教育培训"十三五"规划编制第五调研组.云南、四川、广西三省（自治区）林业人才和教育培训调研报告[J].《国家林业局管理干部学院学报》，2016，（4）：30-34.

全国人民代表大会常务委员会关于全面加强生态环境保护依法推动打好污染防治攻坚战的决议［EB/OL］.［2018－07－10］. http：//www. npcgov. cn/npc/xinwen/2018－07/10/content_2057945. html.

盛双庆，周景. 绿色北京视野下的绿色校园建设探讨［J］. 北京林业大学学报（社会科学版），2011，10（3）：98－101.

宋维明. 坚持特色发展建设高水平研究型大学［J］. 教育与职业，2011（8）：10－11.

宋维明. 努力做好高校毕业生就业工作［J］. 北京教育（高教版），2014（5）：17－19.

宋维明. 探索行业特色高校的创新发展路径［J］. 北京教育（高教版），2014（5）：20－22.

孙萍，刘钊. 大学绿色教育的现状与对策［J］. 中国高教研究，2000（11）：65－66.

孙学成，赵新泽，邓晓龙. 关于构建大学绿色教育课程体系的初步设想［J］. 科技进步与对策，2000（10）：178－179.

唐阳. 关于高校开展协同创新的思考［J］. 中国高校科技，2012（7）：14－16.

田阳，"一带一路"背景下的林业高等教育国际合作［J］. 高等农业教育，2017（4）：6－10.

田阳，铁铮. 在李相符精神的感召下书写绿色篇章［J］. 中国林业教育，2005（S1）：41－42.

田阳，邹国辉. 强化办学特色建设绿色大学引领生态文明——北京林业大学建设绿色大学纪实［M］//北京林业大学：北京林业大学年鉴（2010卷）. 北京：中国林业出版社，2010.

田阳. 可持续发展视野下的大学绿色校园建设［J］. 北京教育，2009（6）：16－17.

推动共建丝绸之路经济带和21世纪海上丝绸之路的愿景与行动［EB/OL］.［2015－06－08］. http：//news. xinhuanet. com/gangao/2015－06/08/c_127890670. htm.

吴斌，铁铮，田阳，等. 绿色校园建设读本［M］. 北京：中国文联出版社，2010.

吴丽兵，徐再起. 面向21世纪的绿色教育［J］. 合肥工业大学学报（社会科学版），2000，14（2）：41－44.

吴明红. 高校生态文明教育的路径探析［J］. 黑龙江高教研究，2012，（12）：98－101.

吴延兵，米增渝. 协同创新VS模仿：谁更有效率［N］. 经济日报，2012－1－4.

习近平. 携手推进"一带一路"建设［M］. 北京：人民出版社，2017.

习近平出席全国生态环境保护大会并发表重要讲话［EB/OL］.［2018－05－19］. http：//www. gov. cn/xinwen/2018－05/19/content_5292116. htm.

徐冬萍. 开展环境教育共创绿色家园——国际环境教育项目实践与探索［J］. 中国现代教育装备，2013，（4）：1－4.

徐俊，黄金华. 新时期高校绿色教育探讨［J］. 安徽农业大学学报（社会科学版），2005，14（1）：73－76.

续润华. 美国创建高等教育强国的历史经验及其启示［J］. 河北师范大学学报（教育科学版），2011，（12）：5－10.

亚伯拉罕·弗莱克斯纳. 现代大学论——美英德大学研究［M］. 杭州：浙江教育出版社，2001.

杨伟民. 建立系统完整的生态文明制度体系［N］. 光明日报，2013－11－23（2）.

余冠仕. 访全国人大代表、武汉大学党委书记李健：产学研扩展为政产学研用结合［N］. 中国教育报，2011－3－5（02）.

袁贵仁. 推进教育事业改革发展的强大思想武器——学习习近平总书记关于教育工作的重要论

述[J]. 求是，2014，（8）：17-19.

詹姆斯·杜德施塔特. 舵手的视界———在变革时代领导美国大学[M]. 郑旭东，译. 北京：教育科学出版社，2010.

张钢. 技术、组织与文化的协同创新模式研究[J]. 科学学研究，1997，（2）：51-61.

张高丽. 大力推进生态文明努力建设美丽中国[J]. 求是，2013，（24）：3-11.

张俊，李忠云. 农业产业化背景下我国高等农业院校龙型产学研结合模式的思考[J]. 高等农业教育，2002，（6）：6-9.

张三元. 绿色发展与绿色生活方式的构建[J]. 山东社会科学，2018，（3）：18-24.

赵树丛. 在生态文明体制改革中加快建设有中国特色的林业制度——深入学习贯彻习近平总书记关于生态文明建设重大战略思想[N]. 中国绿色时报，2014-12-19(1).

赵天旸，刘卉，金鑫. 试析北京大学开展绿色校园建设的有效途径[J]. 环境保护，2009，（3）：40-42.

中共中央关于全面深化改革若干重大问题的决定[J]. 求是，2013，（22）：1-10.

中共中央国务院关于全面加强生态环境保护坚决打好污染防治攻坚战的意见[EB/OL]. [2018-06-24]. http://politics. people. com. cn/n1/2018/0624/c1001-30081248. html.

中国工程院. 中国生态文明建设若干战略问题研究[M]. 北京：科学出版社，2016.

中国科学院可持续发展战略研究组. 2014 中国可持续发展战略报告——创建生态文明的制度体系[M]. 北京：科学出版社，2014.

中华人民共和国国家发展和改革委员会. 全国生态保护与建设规划（2013—2020 年）[EB/OL]. [2014 - 11 - 19]. http://www. ndrc. gov. cn/fzgggz/ncjj/zhdt/201411/t20141119 _ 648523. html.

周谷平，阚阅. "一带一路"战略的人才支撑与教育路径[J]. 教育研究，2015，（10）：4-9.

祝真旭. 日本环境教育基地建设的经验与启示[J]. 环境保护，2010，（12）：67-68.

Amanda L M. How green is your campus? [J]. Nature，2009，461(10)：154-155.

Etzkowit H. 国家创新模式[M]. 周春彦，译. 北京：东方出版社，2014.

Moganadas S R，Corral-Verdugo V，Ramanathan S. Toward systemic campus sustainability：gauging dimensions of sustainable development via a motivational and perception-based approach[J]. Environment，Development and Sustainability，2013，（15）：1443-1464.

Zeng H Y，Yang G，John C K. Green schools in China[J]. Schooling for Sustainable Development，2009(1)：137-156.

后 记

　　坚持学术立会理念，发扬理论联系实际的学风，组织开展林科教育研究，是中国林业教育学会的优良传统。2013年以来，学会秘书处在学会理事长和学会理事会的关心支持下，在学会副理事长兼秘书长骆有庆教授的直接领导下，先后高质量主持完成中国工程院咨询研究课题《新时期国家生态保护和建设研究》、林业软科学项目《林业行业关键、特殊岗位建立准入制研究》（项目编号：2014—R07）、中国高等教育学会《高等教育专题观察报告》专项课题以及全国林业"十三五"教育培训、人才队伍规划调研课题，正在推进《林业高等教育质量报告编撰研究》（项目编号：2018—R15）、《林业领域学科发展宏观研究及政策建议》（项目编号：2019131041）新林科路径发展等多项研究课题，取得了一系列成果，为促进林科教育研究的繁荣和发展做出了应有贡献。

　　为体系化梳理以上多项课题的研究成果，中国林业教育学会秘书处组织编撰《新时代林科教育发展研究》。全书分宏观研究、专题研究、实证研究三个部分。宏观研究部分力求从国家需求维度，分析新时代生态保护建设现状、人才科技的现实和长远需求、生态治理体系构建中的人才保障问题，剖析可持续发展与绿色大学建设的关系，研判林科教育面临的形势、机遇和挑战；专题研究部分则结合林业教育培训现状调研、大学生林情实践调研报告，聚焦林业学科体系构建、人才培养能力提升等关键问题开展专题研究，提出了对策建议；实证研究部分就行业型高校推动产教融合协同育人、共建绿色"一带一路"与林业高等教育国际化、面向未来的自然遗产保护人才培养等内容提出了深入的思考。

　　在各课题组成员的大力支持下，田阳完成了本书的框架总体设计、研究报告撰写的修改完善工作。本书的所有成果是各课题组全体成员共同合作的成果。为体现每一位参与者的学术贡献，在每一章后均列出相应执笔人名单。在此感谢参与研究的各位同仁，没有大家的精诚合作，就没有本书的面世。

　　课题研究的完成和本书的出版离不开各方的关心和支持。首先要衷心感谢学会理事长彭有冬同志和学会理事会其他领导对学会秘书处工作的支持和肯定。如果没有学会各位领导的积极引导、正面鼓励和搭建平台，就没有学会理论研究工作新局的开启。副理事长兼秘书长骆有庆同志始终坚持把握宏观方向，直接组织和指导多项课题的开展，确保课题的高质量推进。

　　同时，要感谢国家林业和草原局人事司、科技司为有关课题立项提供的经费支持。感谢丁立新、郝育军、杜纪山、王浩、吴友苗、吴红军、唐红英、邹庆浩等有关司局和处室领导为推动学会理论研究提供的大力支持。要感谢学会秘书处全体同仁为学术研究工作做出的努力，感谢中国林业出版社为本书出版提供的周到服务，感谢各位审稿专家提出的宝贵意见。此外，相关涉林高校在开展调研、文献收集和文稿修改等方面提供了积极的支持，恕不意——列出，在此一并致谢。由于能力水平有限，书中疏漏之处在所难免，欢迎大家批评指正。

以立德树人为根本，以强林兴林为己任，是新时代林科教育发展的使命和担当。围绕这一根本使命，中国林业教育学会将坚持发挥智囊团作用，进一步有效凝聚力量，积极开拓思路，深入研究林科教育改革发展的重要理论和实践问题，以更高质量的研究成果助力一流林科教育创新发展。

衷心祝愿林科教育的明天更美好！

田阳

2019 年 6 月